世界经典鸡尾酒大全
（珍藏版）
４００种调制配方

调酒技术——吧台调酒师的"圣经"

世界经典

Le Grand Cours de Cocktails

鸡尾酒

Techniques - Astuces de Barman

大 全

400 *Recettes*

珍/藏/版

400 种调制配方

调酒技术——
吧台调酒师的"圣经"

〔法〕雷热米·欧热
蒂埃里·丹尼尔
艾瑞克·佛萨尔 著

蒯佳 孙昕潼 译

孙方勋 审校

中国轻工业出版社

前　言

　　蹑影追风，鸡尾酒已经迅速从一种流行的元素转为消费的时尚。如同其他酒类，人们不仅仅能在专业的吧台品味它的精妙，也可以在太阳伞下的咖啡座，甚至在某些酒店的餐桌上欣赏它的倩影。更进一步，鸡尾酒也越来越亲近我们的家庭生活：哪怕是初学者和业余爱好者，也欣然愿意为家中的来客推荐一杯鸡尾酒，让人们餐前增欲开胃。娱乐放松的情调使得大家回味无穷，回家后总想着再次尝试制作。

　　不过好厨师还要有好配方。要懂得把握简单有效的技术和操作的直接要领，学会选择合适的配料。随着鸡尾酒实践操作的迅猛发展，提出的问题也越来越多，这就是我们创作此书的目的所在：一方面为初学者提供能力范围之内的学习手册；另一方面也让有丰富经验的鸡尾酒爱好者获得更多的诀窍和思考空间，让他们在鸡尾酒的实践方面走得更远更顺畅。

　　本书的理念是让您循序渐进，逐步掌握最基本、最经典的配方。设计方案从最简单的调制方法开始，一步步介绍到更为复杂的配方，从而让您增强信心，从第一篇练习开始坚定地走下去。

　　此外，在介绍400种配方之前，我们还专门设立了重要的一章，介绍鸡尾酒的理论、技巧、用具和配料，以便让您能在之后阅读配方时游刃有余。相信不久后您也能发挥想象力，设计创造出自己的作品。

　　当今时代，鸡尾酒的调配艺术已经跟餐饮文化和糕点工艺享有同等的地位。《世界经典鸡尾酒大全（珍藏版）》带有百科词典的特质（不必担心生词太多），为广大的鸡尾酒爱好者提供多方面的问题答案。

两年期间，我们为一些个体爱好者开办了每周一次的鸡尾酒课程，并开设了短期的鸡尾酒学院。我们觉得将自己的知识、经验转化为教程是一个明智之举，它会进一步为众多练习鸡尾酒调制的朋友们提供所遇问题的答案。

最后，鸡尾酒在我们看来是最理性的酒类消费模式。"喝得少而精致"是沉浸在鸡尾酒世界的人所向往的理念。

LIQUID LIQUID 团队

目　录

第三篇　鸡尾酒的300种流行配方

第四篇　附录

第一篇
鸡尾酒的基础知识

开篇寄语

在制作鸡尾酒之前，需要先了解一点理论，做一些阅读。就像我们学习厨艺或糕点一样，为了避免做蠢事，了解一些基本的知识非常重要，因为一旦我们开始采用不同的配方，有时香气会各不相同，我们对用量把握要保持清醒，以便维护味道的均衡，这在烹饪制作方面至关重要。

一些基本概念

在本章中，您会对调酒领域有个基本认识。从配料、用具到配方准备，再到技术操作，当中包括一些酒保小贴士，从而达到口味和美学上的最佳效果。

实用指导

关于杯子的选择、装饰问题，还有重要的一点，即关于玻璃的品质问题在本章中都会做出解释，从而让您全方位地了解鸡尾酒的各个组成部分。

鸡尾酒简史

"鸡尾酒"（cocktail）一词从何而来？

在书面上用"鸡尾酒"一词是指一些混合饮品最早出现在1806年发表的一篇名为 *The Balance, and Colombian Repository* 的刊物上，上面定义鸡尾酒为"一种有刺激性的利口酒，由烈酒、糖、水和苦酒构成"。另一个版本出现在1803年的 *The Farmer's Cabinet* 刊物上，认为喝一杯鸡尾酒对大脑有益处。其实，"鸡尾"（cock tail）的叫法在18世纪就已经开始使用，用于指杂交的马匹，后来衍生的意思指混合的饮料。在其他可能的起源中，也有人说阿兹特克女神Xochilt在有些鸡尾酒的杯子上配上鸡的羽毛，用于搅拌饮料。或者还有一种说法，现多存于历史故事里，是说药剂师安托万·阿美德·北秀（Antoine Amédée Peychaud，北秀苦精的发明者）使用了蛋杯（coquetier）来制作他著名的苦酒，之后加入了白兰地。蛋杯（coquetier）和鸡尾酒（cocktail），两个词非常相似……

Coquetel

1834年

药剂师安托万·阿美德·北秀（Antoine Amédée Peychaud）逃亡到新奥尔良，用蛋杯来制作他的苦酒——一种用糖和一大杯白兰地制作的药酒。英国人最初管它叫"Coquetel"，之后改为（cocktail）。由此开始，萨泽拉克鸡尾酒被发明出来（第225页），鸡尾酒（cocktail）的名称被最终确定下来。

17世纪—18世纪

混合饮料

在被称为"鸡尾酒"之前，17世纪和18世纪已经出现混合饮料的叫法，如菲兹（fizzes）、科林（collins）和朱丽普（Juleps）已经出现。

1803年和1806年

出现"鸡尾酒"叫法的痕迹

在1803年，之后是1806年，两本出版物开始分别提到"鸡尾酒"一词，用于称呼一种酒精饮料的类别。

1824年

安格斯特拉苦精

1824年，普鲁士军医约翰·希格特（Johann Siegert）发明了安格斯特拉苦精。它混合朗姆酒、龙胆和橘皮，是一款香气浓郁的苦酒，至今都是许多鸡尾酒的基酒配料。

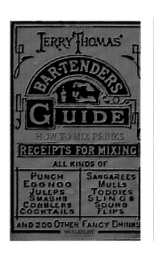

《调酒师指南》

1862年

1862 年，开启美国酒吧先河、被人誉为"老师"的调酒师杰瑞·托马斯（Jerry Thomas）出版了《调酒师指南》一书，被列入鸡尾酒界最早的"圣经"之一。

曼哈顿鸡尾酒

1870年

传奇的曼哈顿鸡尾酒是在 1870 年由伊安·马绍（Iain Marshall）博士发明的。当时在纽约的曼哈顿俱乐部组织了一个宴会，向总统候选人塞缪尔·J·蒂尔登 (Samuel J.Til-den) 致敬。

在此后十年间，最早的制冰机开始出现。在鸡尾酒中加冰块的习惯慢慢普及。

1856年

调酒师

调 酒 师（mixolo-gist）一词第一次在 *The Knickerbocker*（纽约月刊杂志）中 的 一 篇 文 章 中出现。

1863年—1895年

根瘤蚜危机

根瘤蚜侵袭欧洲的葡萄园，不仅影响了葡萄酒的产量，也损害了白兰地的产量。导致的结果是人们更多地喝烈酒，例如苦艾酒，新奥尔良鸡尾酒中的白兰地被黑麦威士忌所代替。

1882年

《调酒师手册》

1882 年，哈里·约翰逊（Harry John-son）在他第一版《调酒师手册》中提到了鸡尾酒的名称、专业器具、配料和调配艺术，除此之外，他还提到其他主题，例如酒吧的设计安排，好调酒师的素质才干，迎接顾客的重要性等。这在当时是一部先锋著作。

干马提尼鸡尾酒

在世纪之初，对于干马提尼鸡尾酒（详见第 107 页）起源的猜测，认为鸡尾酒有可能诞生于巴黎的和平咖啡馆。

1904年

苦艾酒被禁

苦艾酒在欧洲大部分国家开始被禁。

1910年

内格罗尼鸡尾酒

卡米洛·内格罗尼（Camillo Negroni）伯爵在伦敦旅行期间喜欢上了金酒……1919 年，他要求意大利佛罗伦萨卡索尼咖啡馆的调酒师福斯科·斯卡塞利（Fosco Scarselli）在他的美式鸡尾酒（详见第 127 页）中放入一定剂量的金酒，伯爵为这款酒而着迷，内格罗尼鸡尾酒的传奇故事由此产生。

1919年

1908年

著名现代主义建筑先驱阿道夫·鲁斯（Adolf Loos）设计了位于维也纳的美国酒吧，此后改名为鲁斯酒吧，现被列为历史建筑。

阿道夫·鲁斯

1917年

1917 年的俄国革命迫使贵族逃离俄国……他们随身带着著名的伏特加酒配方，让这款酒变得举世闻名。

旅行中的伏特加酒

禁酒时期

1919—1933年

1919—1933 年，美国处于禁酒时期，鸡尾酒成为消费时尚，因为它能够掩盖劣质的走私酒。被称为 speakeasies 的地下秘密酒吧在整个美国开始出现。

《萨伏伊鸡尾酒》出版

1930年

哈利·克拉多克（Harry Craddock）是 20 世纪 20 年代最有名的调酒师之一，他出版了《萨伏伊鸡尾酒》（*The Savoy Cocktail Book*）一书，内有超过 750 种鸡尾酒配方……这本书至今都在发行。

《皇家赌场》出版

1952年

1952 年，作家伊恩·弗莱明（Ian Fleming）创作了他的第一部关于特工詹姆斯·邦德（James Band）的小说:《皇家赌场》。他设计邦德特工在赌局中发明了维斯帕鸡尾酒（第187 页）。维斯帕其实是邦德的助手——邦德女郎的名字。

大都会鸡尾酒

1980年

1980年，谢丽尔·库克（Cheryl Cook）在迈阿密创造了大都会鸡尾酒（详见第89 页），这款酒成为时尚，因为它比干马提尼（详见第107 页）口感要清淡一些。与此同时，伏特加酒在酒单上的出现率飞速增长。

鸡尾酒进驻欧洲和古巴

1920年

1920年，为了躲避美国的禁酒令，很多调酒师逃到欧洲或古巴，那里成为很多美国人心目中鸡尾酒的"麦加"之城:莫吉托（详见第81页）在哈瓦那的艾尔·佛罗里迪塔酒吧（El Floridi-ta）或者是伯得吉塔·德尔·麦蒂欧（Bodeguita Del Medio）酒吧都是不限量消费。 在此期间，弗兰克·梅尔（Frank Meier）在巴黎成为丽兹的总调酒师，哈利·麦克艾霍恩（Harry McElhone）买下了他工作的酒吧，重新命名为哈利的纽约酒吧（Harry's New York Bar）。这个地方成为美国移民必去的场所，创造了很多经典饮品，例如白领丽人（详见第197页）、边车（详见第215页）、提神鸡尾酒（详见第337页）。

提基鸡尾酒

1934年

1934 年美国禁酒令解除，根据波利尼西亚的风俗文化，美国出现提基鸡尾酒。这款酒最早诞生于美国加利福尼亚州由欧内斯特·坎特（Ernest Gantt）开的唐·比奇科默（Don the Beachcomber）酒吧里。

"摇晃，但不搅拌"

1953—1961年

从第二部小说开始，在每一集的詹姆斯·邦德中，作家伊恩·弗莱明让他的主人公喝干马提尼鸡尾酒时都是"摇晃，但不搅拌"，而这款酒通常规定是用勺子搅拌来冷却的。

1990年 戴尔·德格罗夫

在纽约，戴尔·德格罗夫（Dale Degroff）被人尊称为鸡尾酒文化的革新人，他把经典的鸡尾酒几乎变成了美食。

2000年 莫吉托和盘尼西林鸡尾酒

2000年间，莫吉托在欧洲取得了越来越显著的成功，最终成为最出名的鸡尾酒。同年在纽约，萨莎·帕特拉斯克（Sasha Petraske）开了一家名为"牛奶和蜂蜜"（Milk&Honey）的酒吧，成为"新一代"地下酒吧的先驱之一，这里也是盘尼西林鸡尾酒（详见第219页）的摇篮。

2003年 调酒的欢乐

2003年，盖瑞·瑞根（Gary Regan）出版了《调酒的欢乐》（*The Joy of Mixology*）一书。众多的职业或业余调酒师从中获取了新知识和实践鸡尾酒艺术的新方法。

1995年 伦敦的复兴

鸡尾酒在伦敦的酒店里重登舞台，丽晶宫殿酒店中大西洋酒吧的热情推动对此功不可没。

2002年 鸡尾酒的故事

为了传承鸡尾酒的悠久发展历史，新奥尔良于2002年举办了第一届鸡尾酒节——鸡尾酒的故事。从此之后，这里成为世界各地调酒师们每年聚会的场所。

2008年

巴黎的鸡尾酒

首个致力于向法国敞开大门的鸡尾酒专业沙龙于2008年在巴黎开放。

2010年

佐餐鸡尾酒的开端

鸡尾酒开始走出专属的酒吧，走向酒店的餐桌。调酒师和厨师联合起来创造调酒和高品质厨艺（玛丽塞莱斯特、香水、融合……），佐餐鸡尾酒（Foodtail）开始出现。

2016年

无酒精鸡尾酒

无酒精鸡尾酒之前已被调酒界所遗忘，现在又重新回到酒单上来，复杂的配制方法让它们赢得一席之地。自此，鸡尾酒的世界开始走向更广阔的大众。

2007年

新地下酒吧

2007年，随着实验鸡尾酒俱乐部（Experimental Cocktail Club）的开业，一股"地下酒吧"的新潮流席卷巴黎，之后在2011年出现坎德拉里亚（Candelaria）酒吧，马赛的凯瑞内申（Carry Nation）酒吧，蒙特利尔的帕帕道布勒（Le Papa Doble）酒吧，里昂的古董商（Antiquaire）酒吧……所有这些地方都成为展示法式鸡尾酒的舞台。

2009年

"陈年鸡尾酒"

2009年，调酒师托尼·康尼格里亚罗（Tony Conigliaro）在伦敦科尔布鲁克街69号酒吧（Colebrooke row 69）和杰弗瑞·摩根塔勒（Jeffrey Morgenthaler）一起将"陈年鸡尾酒"的口味重新展现于世人，出现酒桶装和瓶装的陈年鸡尾酒。

2015年

巴黎鸡尾酒周

2015年在巴黎举办了第一届鸡尾酒周。在一周的时间里，这场每年一度的盛会选取各个机构的作品以便更好地传播调酒师的技术知识。除此之外还安排了鸡尾酒课程和实践活动，从而更好地吸引大众的关注。

调酒师的工具

为了更好地贴近调酒师的内涵，调酒行业所使用的工具并非绝不可少，但仍然强烈推荐大家了解。这些专业的工具让我们能够高效地制作鸡尾酒，依据配方获得最佳的口感效果。下文将要介绍的摇酒壶、调酒杯、量杯、吧勺、过滤器等当然可以依据自己的品位和使用工具的习惯自由选择不同类型、不同外观的产品。

1．摇酒壶

用于"碰撞"鸡尾酒的各种配料，让它们与冰块更好地混合，以便加速稀释，更快地冷却饮品。混合的时间取决于调制的鸡尾酒类型。如果鸡尾酒在摇和之后要冲淡，例如之后要加入香槟酒等，摇和时间就短一些，因为混合会加速稀释。如果相反，要配制一杯酸味鸡尾酒（sour），第一次摇的时候就不要加冰，让蛋清乳化，然后第二次加冰再摇至少10秒钟，以便产生泡沫鸡尾酒。

一共有三种类型的摇酒壶。

三段式摇酒壶： 相对来说使用简单，家用最为常见。因为壶盖上有过滤网而更为方便。不过，在选择便宜款时要特别小心，因为很容易在摇和冷却后打不开壶盖。也要避免选用太"新奇"款，尤其是塑料制品，因为它没有金属产品那么好的冷却效果。

波士顿摇酒壶： 由一个大的厅杯和一个小的厅杯组成（可以是玻璃的或是金属的），两部分斜着嵌在一起，从而让摇酒壶完全密封。与第一种摇酒壶有所不同的是，把鸡尾酒倒入杯中时需要用过滤器进行过滤。

大陆摇酒壶： 这一种跟上面那一种很相似，也是由两个金属厅杯构成。只是它们因为相嵌合的位置不一样，所以外形不太一样。

调酒师小贴士：

如果手边没有专业工具的话，用一个玻璃广口瓶，外加能拧紧的盖子就可以，效果同样很好，而且非常密封。

2．调酒杯

把鸡尾酒的各个配料与冰块放入调酒杯，用吧勺搅拌使它们融合，这种制作比用摇酒壶稀释要少。不过，这一技术也对鸡尾酒制作的温度有影响。因为经过搅拌，鸡尾酒不会与在摇酒壶里一样凉。用于搅拌的经常是只含酒精的配料（曼哈顿、干马提尼等）。有些配料例如蛋清等，从来不会放在调酒杯里来搅拌。

调酒师小贴士：

尽管鸡尾酒书里通常都会列出调酒杯，其实很少有专业人士配备它。可以在摇酒壶的大厅杯里面放满冰，代替它来做出同等的饮品。

3．量杯

它是测量鸡尾酒中不同配料剂量的重要工具。就像做糕点一样，一款鸡尾酒成功与否很大程度上取决于对剂量的准确把握。

像很多专业人士一样，可以选择双重量杯（一剂量和双倍剂量），或者用量勺，用其他不同容量的器具调配各种鸡尾酒。如果不想占用太多空间，也可以选择一个能够测量5~60毫升容量的量杯。

调酒师小贴士：

一个咖啡勺的容量是5毫升，而一个汤勺是15毫升。对于有些配方来说，蛋杯或者是利口酒杯都可以作为基础的量杯工具。如果是双份的，那只需把一份剂量两次倒入容器中。

4．吧勺

它主要有四个功能：

– 直接搅拌盛装在鸡尾酒杯或是调酒杯里的鸡尾酒。由于吧勺勺柄又细又长，它可以在冰块和液体之间移动自如，达到最佳混合效果。

第 18页

第 18页

– 勺柄的末端是个平实的研杵，可以用来压碎糖块、水果或是草叶。

– 让液体漂在鸡尾酒的表面。操作时让带研杵的勺柄朝下，放在鸡尾酒的表面，将液体顺着勺柄流下来，液体受研杵的阻碍，会滞留在杯子表层。

– 不论哪种样式，吧勺的容量都是一定的——5毫升。

5．过滤器

有三种类型的过滤器。

朱丽普过滤器： 最初的时候，它既作为过滤器也同时用来喝堆满冰块的鸡尾酒。它使得品酒更为容易，也避免了小块碎冰带来的尴尬。

冰块过滤器： 在把鸡尾酒混合之后，滤网帮助液体倒入鸡尾酒杯中，而把冰块留在摇酒壶里（或者是调酒杯）。它的材质坚硬，把手末端呈圆弧形，从而能很好地固定在厅杯上。

细孔过滤器（筛网或中式过滤器）： 它放在冰块过滤器和酒杯之间，用于在鸡尾酒摇和后过滤

小块冰碴、水果或是草叶。

6．酒吧捣棒

它比厨房的捣棒要更长，用于捣碎沉在摇酒壶底或酒杯底下的糖块、水果或草叶。也可以用来更好地提取果汁或各种配料的味道。可以用吧勺的末端来代替，或者是制作糕点的滚棒也可以。不管怎样，使用时请多加小心，尤其是直接在酒杯里操作的时候。

调酒师小贴士：

用捣棒来磨碎草叶的制作要被抛弃了。对于草叶的处理方式越差，越容易给饮品带来苦味。建议在使用前用捣棒来轻轻敲打叶子，或是把叶子放在手里拍打。它们的香气会在饮品中充分发散出来。

7．榨汁器

不论是手动的还是电动的，它都可以为鸡尾酒榨取果汁。可以在使用前一分钟或一小时准备果汁，但注意一定要把果汁放在保鲜的器皿中。

调酒师小贴士：

一定要用鲜榨果汁来制作鸡尾酒！在超市里买的替代品可以作为他用，但不能用来调制鸡尾酒。

8．切菜板和刀

鸡尾酒中用的水果一定要削皮、切块。就像做美食一样，注意时刻保持卫生干净，以免在配制不同鸡尾酒时混杂了味道。

调酒师小贴士：

在削果皮的时候，建议选用削皮刀，以便只选取橘皮部分，避开橘络（橘皮和橘肉中间的白色发苦部分）。

搅拌机

机器搅拌机用来制作冰冻鸡尾酒。鸡尾酒与冰块一起"研磨"从而获得冰沙纹理。这些鸡尾酒通常在夏天才会喝，因为实在是非常冰爽。

玻璃杯

玻璃杯对于鸡尾酒的作用就好比餐盘对于做好的菜品的作用，是将准备好的配方能够最佳呈现的最重要的器皿。鸡尾酒用的玻璃杯存在多种款式、多种外形、多种容量。除了具有审美效果以外，玻璃杯的选择还要遵循一定的条件：保持适宜的饮用温度，提供最为舒适的品酒手感，更好地散发出酒的香气。

鸡尾酒杯（马提尼杯）或浅口酒杯

这些酒杯用于不加冰的短饮鸡尾酒（例如大都会鸡尾酒）。品饮时要拿酒杯的杯脚，以免因为手的接触让饮品的温度增高。有的浅口酒杯的容量很小（100～150毫升），仅用于以酒精饮品混合的短饮（例如曼哈顿鸡尾酒）。

容量：150～200毫升

古典杯

用于威士忌饮品的典型杯子。杯身很大很平，不同品牌的杯子设计可能会有所不同。它的容量可用于加冰的短饮（例如尼克罗尼鸡尾酒）。

容量：大约300毫升

高球杯

用于加冰的长饮鸡尾酒（例如血腥玛丽）。这种鸡尾酒的酒精含量跟短饮是一样的，但由于添加了小苏打、起泡水或是果汁而变得更为清淡一些。

容量：350～400毫升

飓风杯

飓风杯的名字源自20世纪40年代在美国发明的一款提基鸡尾酒，自此之后，它经常用于新加坡司令鸡尾酒或者是椰林飘香鸡尾酒。

容量：500～600毫升

葡萄酒杯

主要用于以葡萄酒为基酒的鸡尾酒（例如雪莉考比勒），它也可以让一些长饮的鸡尾酒显得高贵典雅。

容量：300~400毫升

香槟杯

原则上用于起泡酒，它也经常用于以香槟酒为基酒或者普罗赛柯鸡尾酒（法兰西75）。用这种酒杯呈现时要特别冰爽，因为无法将冰块加进这种酒杯里。您也可以在使用前10分钟把酒杯放进冰箱冷冻柜里。

容量：120~150毫升

宾治碗、大口盆、长颈大肚玻璃瓶

调制大容量鸡尾酒的必备器皿（例如绿兽鸡尾酒）。当您邀请众多宾客，或者您在外面调制的时候都是理想的解决方案。人们可以自行倒酒，进一步增添了宴饮的热烈气氛。

容量：几升

把手杯

用于热饮的鸡尾酒（例如热托蒂鸡尾酒），不会烫伤手，也有一些凉的鸡尾酒（例如莫斯科骡子）。在第一种情况下，把手杯是为了使用方便，而第二种情况主要是因为传统的惯例。

容量：150~200毫升

提基杯

提基鸡尾酒的专属杯子，这些陶瓷杯子的杯身上面刻着波利尼西亚的木质神像图案（幽灵）。它们是提基文化中不可分割的一部分，在1930—1970年的美国获得巨大成功。

容量：350~400毫升

调制鸡尾酒实用技术

━
冰镇

在杯子里面放几块冰来冷却杯子。

目的是将鸡尾酒放置在一个冰镇的器皿里，从而让品酒的温度能够持久保持最佳状态。

步骤

1. 将3或4块冰放在杯子里冷却。

2. 借助吧勺搅动冰块，直到杯子的外侧表面出现冷凝液。

3. 在倒入鸡尾酒之前，将杯中的冰块倒出。

小贴士

为了节约冰块，也可以事先将杯子放在冰箱冷藏柜
或保鲜柜里，这样也能达到完全冷却的效果。

为了很好地调出鸡尾酒，了解一些操作技巧必不可少。这些步骤不难操作，但无论从口感还是美感来说，每个动作对于实现完美的鸡尾酒都有它的重要性。

与厨艺和糕点制作相比，鸡尾酒的配方需要有一定的技术性操作，甚至说一定程度上的严谨、精细，一方面因为能在品酒时尝出差异，另一方面，这些操作也能让准备鸡尾酒时更为简单易行。

经过几次实践操作之后，这十项基本技巧对初学者来说将不再神秘莫测，可以轻松实现整书中配方的全过程。

一
定量

这一步是来测定和倒入一定计量的配料。跟制作美食或糕点一样，鸡尾酒中首要的是味道的均衡。为了让剂量更为准确，我们建议使用酒吧量杯。

步骤

1. 一手拿量杯，另一只手拿酒瓶。

2. 根据需要的剂量将液体倒入量杯。

3. 将液体倒入酒杯或摇酒壶中。

小贴士

注意将液体倒入量杯时要精准地遵照刻度，尤其是短饮时，
因为剂量越少，在量取时犯的错误就会越明显。

挤压捣碎

挤压捣碎是把位于杯子底部的配料（糖、水果、草叶等）捣碎或挤压的动作，

让它们能够溶化，或者通过挤压强化它的味道。

步骤

1. 把需要研磨的配料放在杯子或摇酒壶底部。

2. **3**. 用捣棒压碎。

小贴士

如果想要研碎香草，最好用手轻轻拍打，让草散发芳香，
这样也能避免撕碎娇嫩的叶子。

一

调和

这一操作用于将调酒杯或酒杯中的鸡尾酒冷却并稀释。这种技巧会让溶液变得更稀。

步骤

1. 在调酒杯或酒杯中放满冰块。

2. 将液体配料加入调酒杯或酒杯。

3. 用吧勺搅拌10~20秒（根据不同配方，时间有所差异）。

4. 如果是在调酒杯里制作，就将鸡尾酒过滤到酒杯。

小贴士

对于需要使用这种技巧来完成的配方，在开始动手之前
确保所有需要的配料都在手边，
这样可以在准备的过程中节省时间，也能更好地把握鸡尾
酒的稀释度。

摇和

用力摇晃摇酒壶中的鸡尾酒和冰块，让它们混合、冷却并稀释。

步骤

1. 把配制鸡尾酒的配料放入摇酒壶的大厅杯中。加入8～10块冰，将摇酒壶重新盖好。

2. 波士顿摇酒壶总是倾斜盖住的；大陆式摇酒壶是竖直盖住的；三段式摇酒壶必须先放上过滤网，然后再盖好盖子。

3. 密封盖好摇酒壶，用力摇和10～15秒（根据不同配方，时间有所差异）。确保冰块击打摇酒壶上面和下面的几率是一样的，从而能使鸡尾酒很好地混合、稀释（这项技术也被称为"击打"）。

4. 打开摇酒壶，将鸡尾酒快速倒入酒杯。

小贴士

不要摇和起泡的液体！因为这样会增加摇酒壶内部的压强，有可能会使它在手上爆开。

过滤

这一操作是将之前已经摇和过，或是已经在调酒杯里准备好的鸡尾酒倒出，只留下冰块。

步骤

1. 把过滤器放置在摇酒壶的大厅杯上，或者放在调酒杯上。

2. 用手紧紧握住过滤器。

3. 将鸡尾酒倒入酒杯中，小心留住冰块。

4. 如果是摇和的鸡尾酒，或者是带水果或草叶的酒，建议用
一个更细的滤网再一次过滤液体，我们称这种操作为
"双重过滤"。

搅拌机混合

用电动搅拌机把鸡尾酒混合搅拌。把所有的配料和冰块都放在搅拌杯中。

通过这种技术获得的鸡尾酒黏稠细腻，接近冰沙的口感。

步骤

1. 把配料放入搅拌杯。

2. 加入冰块。

3. 用手扶住搅拌杯的盖子，搅拌30秒钟。

4. 查看鸡尾酒的质地是否跟冰沙很相似，然后将酒倒入酒杯，放入两根吸管。

小贴士

根据不同的鸡尾酒类型，6~10块冰足够制成饮品。

一

抛接

抛接是将液体慢慢从一个厅杯倒入另一个厅杯，并且在倒的过程中将两个厅杯之间的距离越拉越大，目的是调和、稀释液体，尤其是使制作中的鸡尾酒氧化、通风。

步骤

1. 把配料倒入摇酒壶的大厅杯中，加入8~10块冰，将过滤器放置在上面。

2. 用一只手拿着大厅杯，另一只手握住空的小厅杯。

3. 从尽可能高的地方，缓慢地将大厅杯里的液体倒入小厅杯中。

4. 慢慢地将小厅杯放低，直到胳膊能达到的最低限度。本次酒倒完，把小厅杯里的酒倒回到大厅杯，重复操作5~6次后再开始过滤鸡尾酒。

小贴士

抛接这种技术在英文里叫throwing，需要操作时间短、手法灵活。如果技术娴熟，展现的效果非常惊艳。这种技巧也可以用于制作火焰鸡尾酒。在此，大的金属杯子可以代替厅杯。出于安全因素考虑，不建议在家里练习这种技术。

削皮-榨汁

这一操作是将果皮中的汁滴至鸡尾酒的表面。

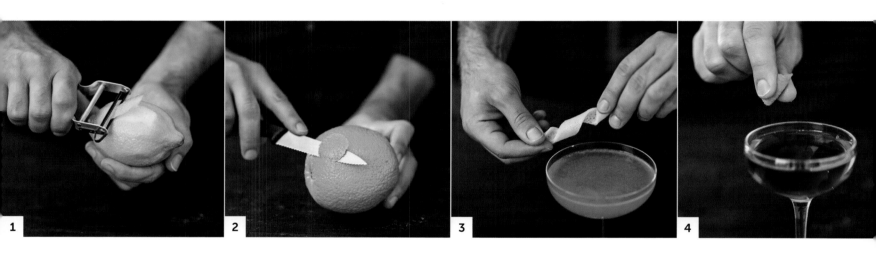

步骤

1. 和 **2.** 借助削皮刀或水果刀，削下一块果皮，长度随意。

3. 把果皮放在手指里，外皮朝向鸡尾酒。

4. 用手指捏或绞果皮，将汁滴入鸡尾酒中，然后根据配方
需要，选择是否将果皮放在鸡尾酒杯表面作为装饰。

小贴士

果皮的形状并不起决定性作用，更多的是为了装饰。不过
要考虑果皮的大小应适合所使用的酒杯。

一
漂浮

这一步骤是将一种配料倒入鸡尾酒的表层，以获取视觉效果或嗅觉效果。

步骤

1. 根据配方，在倒入漂浮液体之前，将吸管和装饰物先放入鸡尾酒。

2. 用量杯测取需要的液体。

3. 将液体小心地倒入酒杯的表面。

鸡尾酒的类别

考比勒

考比勒鸡尾酒大多以葡萄酒作为基酒
（平静葡萄酒、起泡葡萄酒、中途抑制
发酵的葡萄酒），很少用烈酒，并且加
糖。它直接在装满冰块的杯子里调制，
用当季的水果作为装饰。

科林

科林由烈酒、柠檬汁、糖和起泡水构成。它在放满冰块的高球杯中直接混合。

黛丝

有好几款不同的黛丝。基础配方是烈酒、柠檬汁和第三种配料。这种配料可以是橙皮利口酒、查尔特勒甜酒、覆盆子糖浆或者是石榴糖浆。用摇酒壶摇和之后倒入鸡尾酒杯。

菲兹

菲兹和科林很像，因为它们的配料相同。但是菲兹的基础配料（烈酒、柠檬和糖）经常会跟蛋清一起在摇酒壶里摇和之后再倒入高球杯，最后加入起泡水。

菲力普

菲力普鸡尾酒由烈酒或中途抑制发酵的葡萄酒作为基酒，加入鸡蛋和糖，经常放在小的红葡萄酒杯里呈现，在摇和完倒入酒杯之后，表面撒上肉豆蔻碎末。

高球

简单、容易操作是它的特点，因放入高球杯呈现而得此名。它只有两种配料：烈酒和苏打水。黑色风暴（第163页）还有自由古巴（第95页）都是这个类别的典型代表。

朱丽普

薄荷朱丽普（第157页）是其中最著名的一款，它完美地体现了这类鸡尾酒的特点：由烈酒、薄荷、糖组成，调好的鸡尾酒倒入放满碎冰的金属大口杯里呈现。有些朱丽普酒可能会添加带甜味的配料（糖浆或者利口酒）。

宾治酒

参见《大杯款鸡尾酒》一节：第40～41页。

酸酒

酸酒是菲兹鸡尾酒的短饮类款，或者说在酸酒中，我们的基本配料也是烈酒、柠檬汁和糖。不过，酸酒是在鸡尾酒杯里呈现，而且不再加水稀释。它有时也会加鸡蛋清，有时也会倒入放满冰块的古典玻璃杯中呈现。

托蒂酒

托蒂酒经常是热饮，最好倒入带把的杯子里喝以免手被烫伤。它的配料有烈酒、热水和糖。在喝之前，我们加入一块果皮或一片柠檬，或者是香料（肉豆蔻、丁香、桂皮等）。如果将柠檬汁混合进去，就变成了格罗格酒（掺水烈酒）。

大杯款鸡尾酒

可千万别误会，这个板块为大家介绍的绝不是盛在巨型杯或啤酒杯中的鸡尾酒，而是一些可以量产的鸡尾酒配方。为了方便品尝，这些鸡尾酒盛在一种称作"宾治碗"的大碗里，或者是一种浅口的盆碗中。

说到宾治碗，相信大家立刻就会联想到宾治酒：这是一种混合鸡尾酒，是朋友间畅饮时的快乐源泉（也或许不是！）……人们经常会向其中加入所有能想到的食材（或者冰箱里能找出的东西）。

调酒师所希望了解的细节大致在此：调制宾治酒，就像任意一款其他鸡尾酒一样，要求口感平衡，从而要有合理的食材配比。同样，想要准确地获得预期的美味口感，就一定要跟着配方去做。

宾治的一点历史知识……

宾治的历史可以追溯到16世纪，但并非起源于人们通常所认为的安的列斯群岛，而是印度沿岸，因为那里是理想的食物原材料的供应地。

欧洲的海员们在每日的配额中都会有一种称作塔菲亚（Tafia）的酒，它是朗姆酒的雏形。海员们发现，一旦这种酒与他们到达印度时找到的异域水果、糖、香料和凉白开混合，就会变得极易入口。有些时候，香料可以被另一种当地的产品所代替，那就是茶。

宾治酒是一款含有5种材料的饮品，其品名宾治（punch）来源于panch，而panch一词则取自梵语的数字五（pancha）。

渐渐地，宾治酒的配方在海员中广泛传播开来，并常见于往来船只的贮物仓中。这些船只不仅驶向欧洲，也驶向美洲以及安的列斯群岛这些更加盛产塔菲亚酒的地方。当然，随着朗姆酒替代了塔菲亚酒，宾治酒的配方也变得精致起来。

现今，宾治酒有许多版本，除了朗姆酒以外，其基酒也可以是其他烈酒，尤其是金酒，在某些情况下，这些酒也可加热饮用。近来，苦艾酒在鸡尾酒酒吧获得了一席之地，以苦艾酒作为基酒的绿兽鸡尾酒（第87页）更是因其能够让大众味蕾广泛接受而备受追捧。

更加开怀的品酒之旅

宾治酒提供了一种适用于宴饮的鸡尾酒解决方案，简单易行。一旦选定配方，我们只需将所有材料直接放入一个大容器里，加入冰块，用长柄勺进行调和，然后供应给各位来宾即可。这一调酒方法帮助调酒师避免了一整晚在吧台后辛苦劳作，手握摇酒壶一杯接着一杯无止境地调制，让朋友大饱口福的承诺也可以轻而易举地兑现。

也可以大胆地对某些鸡尾酒做出改良以使其能够大量供应。只需要采用三倍法则，在增加材料剂量的同时，保持它们之间的配比不变。当然，选择用吧勺调和并最终加入冰块的鸡尾酒配方是非常必要的，不要选择需要用摇酒壶来调制的鸡尾酒，因为这样会很容易失去其应有的冰镇效果。

大杯款鸡尾酒的不同版本

以下是精心挑选出的一系列鸡尾酒配方，它们与绿兽鸡尾酒一样，完美地诠释了大杯款鸡尾酒。

玛利萝　　*第99页*

汤姆柯林　　*第103页*

皮姆杯　　*第131页*

汤米家的玛格丽塔　　*第113页*

庄园主宾治　　*第109页*

黑色风暴　　*第163页*

迈泰　　*第117页*

恶魔　　*第173页*

俄罗斯春天宾治　　*第211页*

几个基本概念

或许制作的鸡尾酒总无法达到预期，不是步骤马虎、手法过时，就是搭配失衡、品相粗糙，每当想要为朋友精心制作一款别出心裁的开胃酒时，成品也总是先令自己大失所望。

没关系，在本章节中，我们将重点介绍其他同类书籍很少详细展开的调酒要点，让大家回归基础，迅速提高。

学会这些基础后，就可以分析出为什么某种配方调不出好酒，如何做能够让其变得完美无缺了。

最后，要牢记只要认真严格遵循以下原则，一款美味可口的鸡尾酒的调制就会变得简单快捷，手到擒来。

最简单的配方往往是最好的

鸡尾酒是宴饮时刻的重要角色，因此最应该关注的是其质量而非数量。请从第1级（第80~179页）所列举的简单配方开始，慢慢学会平衡鸡尾酒的口感。

平衡

鸡尾酒口感的平衡就在于完美结合其中的酸味、甜味和辛辣味。许多鸡尾酒配方能否调制成功就在于调酒师是否有能力保持这三种味道之间的平衡。就如同制作糕点一样,必须要准确地把握每一种食材的分量。

酒中的酸味通常来自于柑橘(柠汁檬),甜味来自于糖(糖浆或利口酒),而辛辣则来自于作为基酒的烈酒。不过,也有许多不含天然酸剂(无柑橘)的配方,这时候酒内的平衡就有赖于苦味食材: 葡萄酒产品、味美思酒(Vermouth)、雪莉酒(Vin de xérès),或者金巴利利口酒(Campari)、菲奈特·布兰卡(Fernet Branca)、彼功(Picon)等苦酒……

最后要提的是,还有些鸡尾酒如B&B(第217页),既无酸也无苦,只依靠甜味和辛辣保持平衡。

苦酒VS苦精

请注意,千万不要把苦酒和浓缩苦精酒混为一谈。在人们的普遍认知中,苦精用途单一,只是用于增加苦味——像安格斯特拉或北秀这样的浓缩苦精只需少许便可使酒液苦味大增。除此之外,苦精混入酒液后还能够释放出层次极为丰富的芬芳,口味辛辣。换言之,如果因为苦精在配方中所需剂量少而弃之不用,那么调出来的酒也一定会令人大失所望。

以简胜繁

通常情况下,平时可别去尝试那些动辄含有6种基酒、3种糖浆、4种不同利口酒的配方! 混酒和千层蛋糕一样,多种味道很难合而为一、融洽共存……一些不常见的配方有时候会混合2~3种烈酒,这一做法尤其获得了提基鸡尾酒的青睐。

不过可要注意,添加的味道越多,鸡尾酒的口味就越难以辨别。

同样,大量的利口酒或糖浆一定会让鸡尾酒甜得发腻。

制作糕点需要严格把控用量，所谓差之毫厘，谬以千里。调酒也是如此，对于短饮酒来说要求则更为严格。因为酒量越少，调制过程中的错误就越容易显露。

新手起步

请准备一个可以量取5~60毫升任意体积液体的塑料量杯。量杯不需要很大，也不需要很昂贵，就能很好地完成量酒任务。

小试牛刀或大显身手

可以选择不同容量的金属量具（盎司杯）。如果需要量取极少量的酒液，不要忘记所有吧勺都是5毫升的容量，大可派上用场。此外，还可以找到10~60毫升的金属盎司杯。

好价淘好物

万不要忽略鸡尾酒中的各式配料, 因为每种材料的味道品质对于鸡尾酒成品品质的影响十分巨大。

酒类

说到烈酒, 并不需要花大价钱选择顶级的产品。不过, 也不要因此去购买商店里最便宜的酒, 毕竟烈酒是鸡尾酒的灵魂, 不能马虎。

作为参考, 可以选择价格在15~30欧元的高品质酒。

柠檬

市场上包装售卖的柠檬汁绝对不是用于调制鸡尾酒的，其口味与自制的柠檬汁完全不同。务必亲自挤压黄柠檬或青柠檬来即时获取新鲜优质的柠檬汁。

糖

请手工制作单糖糖浆。自制糖浆简单易行，经济实惠，相较于蔗糖糖浆而言，甜度大大减少，而且通过量器或者量杯量取也更加方便。

想要自制糖浆，只需在一体积矿泉水中溶化一体积单糖即可（例如：500克的糖加入到500克水中）。然后将混合物置于瓶内，在冰箱中储存几个星期。

冰冰相护……

冰块是所有鸡尾酒的共同点（除了极其例外的款式如热饮鸡尾酒、一些以红酒为基酒的鸡尾酒等）。这一食材（冰块当然算作食材了！）的品质对鸡尾酒能否调制成功起到了至关重要的作用。

酒温

首先要知道，一般酒液在冰饮时会更加美味得多。因为酒温越低，乙醇带来的灼烧感就越不明显。但是千万不要误会，杯中酒的温度是绝对不会降低其酒精度的！之所以供应冰镇鸡尾酒，只不过为了使其更加可口而已。

之前我们已经认识到鸡尾酒内各种口味的平衡是何等重要，在这里还要提醒的是，严格把控酒液加冰后的凉爽程度，以及冰块融化后酒液的稀释程度也同样十分关键。

冰块的用途

请牢记，冰块在鸡尾酒的制作过程中总共有三个用途：

- 稀释酒液以降低鸡尾酒的浓度；
- 冰镇酒液——供应给客人的鸡尾酒要十分冰爽；
- 在最终淋冰供应前帮助鸡尾酒保持冰凉的状态。

想要达到冰镇效果，应该首先选用数量足够多的大体积冰块。原因？因为冰块在家中极易自制，而且与液体接触的面积较为有限。我们建议使用能够制作3~4厘米高冰块的冰盒，这样得到的冰块冰镇效果更佳而且融化得更慢。

最后，为了制作过程不出差错，请提前准备冰块，将它们置于冰柜中储存备用。

吸管

添加一到两根吸管，自然是为了品尝鸡尾酒时用。

对于淋在冰块上供应的鸡尾酒，一般建议您在其平底酒杯或高球杯中插入一根吸管。

对于添加碎冰或含有小体积食材如新鲜水果、草叶等的鸡尾酒，一般建议您加入两根吸管，以防其中一根被碎物堵塞。

制作鸡尾酒前

为了使鸡尾酒尽可能保持冰爽，应该：

- 若是无冰鸡尾酒，请提前冰镇鸡尾酒载杯（具体方法详见第24页介绍）。
- 若是加冰供应的鸡尾酒，请在加入酒液前将载杯装满冰块。

如果按照以上规则进行操作，那么最佳享用鸡尾酒作品的时间大概在15~20分钟。

来点碎冰？

最后，碎冰到底有什么用？在某些情况下，碎冰可用于快速冰镇鸡尾酒，如凯匹林纳鸡尾酒（第97页）。除此之外，很多时候是为了审美考虑，碎冰可以使鸡尾酒变得更加靓丽诱人。

请切记，尽管在某款鸡尾酒中冰块完全可以替代碎冰，但碎冰不能随便替代冰块。

总之，如果没有冰块，也不会全盘皆输，别忘了还有不需要加入任何冰块的鸡尾酒配方呢，经典香槟鸡尾酒（第155页）就是如此！

蛋清

第一次接触蛋清时可能会颇感惊奇，但事实上蛋清含有许多蛋白质，是绝佳的食品润滑剂，一经摇动，就会为鸡尾酒带来丝滑黏稠的油性质地。蛋清并非必不可少，但是仍建议不要忽略其存在，因为它能够让调酒师准备的鸡尾酒瞬间提高档次。

值得一提的是，蛋清是一种低热量的食材，而且完全不会改变鸡尾酒本身的风味！

配料

酒精、烈酒和利口酒

威士忌

威士忌是一种烈性谷物蒸馏酒，在酒桶中陈酿而成。其使用的麦芽需经发芽、火烤干燥等工序，有时候还会进行泥炭熏焙。根据产出国家以及原材料的不同，威士忌酒名称各异，香气也不胜枚举。常见的有苏格兰产的苏格兰威士忌、爱尔兰产的爱尔兰威士忌、美国产的波旁威士忌（主要以玉米为原料）以及加拿大产的加拿大威士忌等。其余地区产出的威士忌酒基本都简洁明了地以威士忌这一统称来命名。除此之外还有黑麦威士忌，它是以黑麦为主要原材料的烈酒威士忌。

最后，最常见、应用最广泛的两类威士忌是混合威士忌（麦芽威士忌和谷物威士忌混合而成的调和威士忌）和单一麦芽威士忌（单一蒸馏产的麦芽威士忌）。

伏特加

伏特加清澈纯净，近于无色，酿造原料几乎可用所有含淀粉或糖分的食材。最普遍的原材料是小麦、黑麦和马铃薯。20世纪40年代前，伏特加在西方几乎无人知晓，而时至今日，它却成为世界上饮用最多的烈酒之一，也正是彼时，在酒吧的酒单上出现了以伏特加为基酒的经典鸡尾酒，如莫斯科骡子（第139页）。

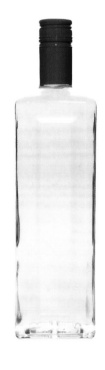

金酒

一般来说，金酒是由谷物、水果制作的烈性蒸馏酒，其芳香主要来自于刺柏浆果杜松子，根据品牌的差异，酒中会添加不同的食材如香料、根茎、水果、果皮等。在蒸馏过程中，通过液体浸泡或蒸汽浸染，易挥发的香味物质被酒精吸收，使得制作出的酒液香气怡人。

最常见的金酒是伦敦干金酒（London Dry Gin）（这种酒并非都产自于伦敦）。酒如其名，口感偏干。如今，市面还能找到其他两种金酒：老汤姆金酒（Old Tom Gin）和荷兰金酒（Genever Gin）。前者口味醇厚圆润，后者是来自于荷兰的金酒鼻祖，在酒桶陈酿而得。这两种金酒长期被人们所忽略，所幸混酒工艺的出现让它们重新回到了大众的视野。

朗姆酒和卡沙萨酒

朗姆酒是一种从甘蔗汁（农业朗姆酒）或糖蜜中发酵和蒸馏出来的烈性酒。按常理来说，大部分朗姆酒应该来自于甘蔗产地（加勒比海附近区域和拉丁美洲），而事实上，现如今我们可以品尝到来自世界各地的朗姆酒。市面上出售的朗姆酒有白朗姆酒（无色非陈酿）、琥珀朗姆酒（在酒桶中酿造）和调味朗姆酒（辛香朗姆酒）。

卡沙萨酒仅仅代指巴西特产的、由纯甘蔗汁酿制的酒。

墨西哥龙舌兰酒和梅斯卡尔酒

龙舌兰酒和梅斯卡尔酒是经龙舌兰草心（又名鳞茎）中的汁液发酵蒸馏而得的酒。龙舌兰是一种生长在沙漠的植物，主要分布在墨西哥境内，其肉质十分肥厚。这两种酒的区别主要在于烧煮龙舌兰草心的方式：对于龙舌兰酒来说，草心是在炉子上烘烤的，而梅斯卡尔酒的草心则是直接置于地面挖出的孔洞中，覆盖热石头、龙舌兰叶和泥土后闷煮而成的。也正是这一原始的方式为梅斯卡尔酒带来了极具辨识度的烟熏风味。

龙舌兰酒同梅斯卡尔酒一样，有未经陈年的透明新酒白龙舌兰酒（Blanco），或在酒桶中储存的陈酿龙舌兰酒（微陈龙舌兰酒Reposado、陈年龙舌兰酒Añejo）。为了保证品质，最好挑选标签上印有100%龙舌兰含量的产品。

干邑（科涅克）白兰地

干邑白兰地是一种二次蒸馏的葡萄酒，只能在法定的干邑酒区生产。干邑白兰地共分为六个产区：大香槟区（Grande Champagne）、小香槟区（Petite Champagne）、边林区（Borderies）、优质林区（Fin Bois）、良质林区（Bon Bois）和普通林区(Bois Ordinaire)。历史上，白兰地是混酿酒，融合了不同年份的烈酒，而这些烈酒的酿制则交由不同酒窖的负责人。根据酒液在橡木桶中贮存年限的长短，干邑白兰地主要分为三大类：VS（至少两年）、VSOP（至少4年）和XO（至少6年，从2018年起变为至少10年）。VS较常用于调制鸡尾酒，XO适宜纯饮，而VSOP两种情况下均可使用。

雅文邑（阿马尼亚克）白兰地

雅文邑是一种葡萄蒸馏酒，被誉为世界上最古老的白兰地，仅产自于法国的热尔、朗德和洛特·加龙地区。在雅文邑的法定酒区中，依据地理位置共划分出三个小的产区，分别是：下雅文邑产区（Bas-Armagnac），上雅文邑产区（Haut-Armagnac）和雅文邑特纳赫兹产区（Armagnac-Ténarèze）。与其"近亲"干邑白兰地一样，雅文邑也是混酿酒，融合了不同年份的橡木陈酿酒：VS（至少2年），VSOP（至少4年），XO（至少6年），Hors d'âge（无龄）（至少10年），以及XO Premium（优质XO）（至少20年）。还有一种白雅文邑，较为年轻，需在密封的容器中贮陈至少三个月。标有酿造年份的雅文邑酒只由指定年份收获的葡萄酿造。

雅文邑大多作为开胃酒供人享用，很少用于调制经典鸡尾酒，但是在某些鸡尾酒配方中，雅文邑可以替代干邑白兰地，如B&B鸡尾酒（第217页）。

卡尔瓦多斯酒

卡尔瓦多斯酒是一款来自诺曼底的鸡尾酒，由至少在桶中酿造两年以上的苹果酒或梨酒蒸馏而成。根据地理位置的不同，卡尔瓦多斯酒共有三个法定产区：卡尔瓦多斯（Calvados）（出产来自诺曼底的苹果酒），奥日·卡尔瓦多斯（Calvados Pays d'Auge）（出产来自奥日区的苹果酒），以及多弗朗太·卡尔瓦多斯（Calvados Domfrontais）（出产的酒至少含有三成梨酒，其余部分使用来自多弗朗太地区的苹果酒）。

卡尔瓦多斯酒从很早之前就开始用于鸡尾酒的制作，但是和干邑白兰地一样，在20世纪时，被其他烈酒取代了（如伏特加、朗姆酒等）。

皮斯科酒

皮斯科酒是一种由葡萄蒸馏酿制而成的烧酒，只在秘鲁和智利生产。多年来，两个国家一直为其所有权而纷争不断。事实上，皮斯科酒的管理条例和用于酿酒的葡萄品种会依据产地而有所不同。除了在这两个国家外，皮斯科酒很少用于制作鸡尾酒，但是只需一款皮斯科酸酒（第191页）就足以让皮斯科酒成为酒吧的必备酒种。

利口酒和浓醇利口酒

利口酒是蒸馏或浸渍各种香料、水果、植物等进入酒精的甜烈酒。利口酒种类繁多，源自修道院的品种尤其数量庞大，其中，查尔特勒酒（Chartreuse）至今仍位列最受欢迎的利口酒之一。利口酒的风味独特，其含有的糖分功不可没，一般情况下利口酒的糖含量是100克/升，当上升到150克/升时，我们就将其称之为浓醇利口酒，其中最著名的毫无疑问是黑加仑利口酒。

利口酒和浓醇利口酒是众多鸡尾酒的常备材料，但是使用起来却要十分节制，因为它们含糖量极高，香气异常浓郁。

浓缩苦精

最初苦精被认为是一种具有消化功能的药饮，然而很快，随着鸡尾酒实力的不断提升，它就摇身一变，成为鸡尾酒中的香味添加剂。苦精种类繁多，最出名的是安格斯特拉苦精和北秀苦精。但无论是哪个种类，苦精都是通过浓缩浸泡的方式得到的——浸泡各种植物和某种香味独特的预备食材（如橙子、柠檬、坚果、香芹等）以获取别样的风味。大多数情况下，我们在调制鸡尾酒时，只需用到几滴苦精，使其恰到好处地散发出苦酒的干香，而非彻底释放其本身的苦味。

苦酒

苦酒一词（法语：amer，意大利语：amaro），指代的是一种非常重要的开胃利口酒，其制作方法主要是通过酒精浸泡不同植物后蒸馏而得，尤其是用苦味植物来获取独特的风味：如龙胆、金鸡纳树皮、大黄、苦橘……虽然一直以来苦酒被人看作是一种具有药用功效的饮品，但是它仍很快在调酒界闯出了一番天地。现在有两种饮用苦酒的趋势：一种是法国苦酒——如彼功苦酒（Picon）、苏士酒（Suze）、萨雷尔酒（Salers）；另一种是意大利苦酒——如金巴利利口酒（Campari）、阿贝罗酒（Aperol）、菲奈特布朗卡酒（Fernet-Branca）、西娜尔酒（Cynar）和蒙特内格罗酒（Montenegro）。

味美思酒和开胃酒

味美思是一种以白葡萄酒为基酒，用芳香植物的浸液加糖、蜜甜尔酒（Mistelle，掺酒精的未发酵葡萄汁）以及中性烈酒调制而成的开胃酒。味美思酒的酒精度数必须控制在16～18度。意大利的皮埃蒙特（Piedmont）产区主要出产红味美思酒，根据配方的不同，甜度和苦味会有所区别；而几乎无色透明的干味美思酒则是法国的特产（最著名的是杜凌·尚贝里味美思酒和诺瓦丽·普拉味美思酒）。长期以来，味美思酒（红味美思和干味美思）一直都是调酒艺术的重要成员，干马提尼鸡尾酒（第107页）和曼哈顿鸡尾酒（第143页）就是最好的佐证。

最后，还有一种金鸡纳酒，同样以葡萄酒为基酒，加入金鸡纳萃取物（取自一种南美洲特有树木的树皮）调制而成。其中最著名的是皮尔酒（Byrrh）、杜本内酒（Dubonnet）和圣·拉斐尔酒（Saint Raphaël）。

苦艾酒和茴香酒

苦艾酒在美国鸡尾酒界一直是使用率极高的食材。在美国禁酒时期，调酒师们则用茴香酒或者其他茴香味开胃酒代替苦艾酒。

葡萄酒

无论是平静葡萄酒、起泡葡萄酒，还是中途抑制葡萄汁发酵的葡萄酒（如雪莉酒、波尔图酒……），葡萄酒一直是鸡尾酒界的一分子。基尔鸡尾酒（第161页）、桑格里亚鸡尾酒（第346页）和雪莉考比勒鸡尾酒（第185页）的成功就是最好的例证。不过，也要注意选择高质量的葡萄酒产品，因为它在最终的混合鸡尾酒中会起到决定性的作用。

苹果酒和啤酒

在经典鸡尾酒的制作过程中几乎很少看见苹果酒或啤酒的身影。然而，如果热衷于开发和创作鸡尾酒新品，二者绝对会带来惊喜，因为它们层次丰富，特点鲜明，极具手工感和新颖度。

非酒精配料

糖浆

经典鸡尾酒最常用的糖浆是覆盆子糖浆、石榴糖浆和菠萝糖浆。不过如今，鸡尾酒制作所涉及的香气种类已经愈加丰富了。当然可以在家自制糖浆，不过专业、制作精良的手工糖浆才更能持久保鲜。

苏打汽水

近些年来，苏打汽水产业推出了许多类型的产品，口味自然清爽且含有更多有益人体健康的物质，如可乐、奎宁水、姜汁汽水、姜汁啤酒、柠檬水……

纯净水

纯净水是制作鸡尾酒过程中不得不提的材料，但是我们并不特别在意水的类型，除非鸡尾酒有特别的需要——例如汤姆柯林鸡尾酒（第103页）使用的是起泡水，而绿兽鸡尾酒（第87页）使用的则是没有气泡的普通纯净水。

香料

盐

只有极少数的鸡尾酒才会用到盐作增味剂，以玛格丽塔鸡尾酒（第183页）和血腥玛丽鸡尾酒（第149页）为主要代表。相比于细盐来说，盐之花是更佳的选择，因为后者的口感更为精细。一些调酒师有时候也会向鸡尾酒中加入含盐溶液（水+盐）使其香气倍增。

糖

糖的种类有很多，有天然的、加工的……糖的选择主要在于其本身的味道，不过对于大多数鸡尾酒配方来说，家庭自制单糖糖浆（详见第46页具体配方）就足够了。

香料和调味料

血腥玛丽鸡尾酒配方（第149页）所使用的香料和调味料是酒吧里最常见的：塔巴斯科辣酱（Tabasco），伍斯特郡调味酱（la sauce Worcestershire）（基本成分是醋、鳀鱼、洋葱和香料）和胡椒。若想使调制的鸡尾酒与众不同，这些调味料可以随时替换为黄芥末、酱油、绿芥末、辣根等……

其他香料如肉豆蔻和丁香等也在很久以前就开始用于鸡尾酒的制作了，尤其常见于宾治酒。

橄榄

绿橄榄本来用于装饰干马提尼鸡尾酒（第107页），但后来一位调酒师从中汲取了灵感，用盐水橄榄替换了配方中原有的干味美思酒，创作出了后来的肮脏马提尼鸡尾酒（Dirty Martini，第311页）。

樱桃

樱桃可以用糖腌制，也可用烈酒浸泡。最好使用手工制作，甚至是在家中自制的樱桃。它虽然不会为鸡尾酒带来什么特别的味道，但却是一种经久不衰的传统鸡尾酒装饰品。

椰子奶油

请不要混淆椰子奶油、牛奶和椰汁。相比之下，奶油更加黏稠浓厚，可以为鸡尾酒带来令人神往的丝滑质地，去品尝一下椰林飘香鸡尾酒（第93页）便知。

咖啡

调制鸡尾酒所需要的咖啡种类不尽相同，意式特浓马提尼鸡尾酒（第223页）采用的是意式特浓咖啡，而爱尔兰咖啡鸡尾酒（第237页）加入的则是淡式咖啡。和所有鸡尾酒材料一样，咖啡的品质和制作手法都非常重要，可以使用意式特浓咖啡机，或者更温和的方法（滤纸过滤、手冲咖啡壶）。

蜂蜜

蜂蜜不经任何工业提炼，是纯天然的糖味剂。另外，不同种类的蜂蜜能为鸡尾酒带来截然不同的风味。

龙舌兰糖浆

龙舌兰糖浆含有丰富的果糖，比普通糖粉增甜性更好。这样一来，就可以大大减少鸡尾酒制作过程中加入的糖量和饮用者摄入的糖量。将龙舌兰糖浆加入冰茶等冷饮中也有很好的效果，因为它能比普通糖块或者蜂蜜更快溶解。

鲜品

乳制品

鸡尾酒使用的乳制品一般是牛乳（牛乳宾治）和乳油，因为二者可以给其带来丝滑柔润的口感。不过要注意的是，这类鸡尾酒在品尝前需要尽力摇匀或充分搅拌。

鸡蛋

使用鸡蛋时，蛋清往往是主角，因为其蛋白质成分能在不改变味道的同时为摇和的鸡尾酒带来绵柔的质地。然而，也有一种鸡尾酒——"菲力普"（Flip）酒使用的是鸡蛋的蛋黄。在最开始，由于这些酒含有丰富的脂肪，人们习惯在早晨将其当作早餐饮用。

水果

水果是鸡尾酒界的常驻嘉宾，最常见的主要是柑橘类（柠檬、橙子、柚子、香柠、香橙……），无论是果皮还是果汁都大有用处。强烈建议选购天然无添加或者未经化学催熟的水果。至于果汁和果泥，最好选用时令水果的纯果汁或者新鲜果汁，效果更佳。总而言之，水果的选择广泛而多样：如覆盆子、樱桃等红色水果、菠萝、苹果等……

香味草本植物

传统意义上，薄荷是鸡尾酒最常用的香味草本植物：莫吉托鸡尾酒（第81页）无疑是最好的例证。不过，罗勒（留兰香）、芫荽（香菜）、小茴香、紫苏、有柠檬香气的植物和生姜等也可以为鸡尾酒带来清新的香气和爽利的清凉感。

蔬菜

相比于经典鸡尾酒鼎盛时期，如今时蔬在鸡尾酒创作中的使用率已经大大提升。最受喜爱的有番茄、香芹（血腥玛丽鸡尾酒，第149页），和黄瓜（绿兽鸡尾酒，第87页）等。至于最大胆的蔬菜食材，甜菜汁、胡萝卜汁和甜椒汁当之无愧……天马行空的创意从这里迸发出火花。

美食与鸡尾酒

从豪华宾馆的贵族酒吧到大众化开放的平价酒吧，鸡尾酒成为新一代年轻人共同追捧的对象，并与其他任何一款饮品一样，在咖啡馆、酒馆和餐馆具有重要的地位。的确，目前酒吧所提供的酒单上鸡尾酒种类十分有限，甚至经常只有少数几种经典款（莫吉托，斯普里兹，金汤力等），但是这些足以证明餐饮业对于鸡尾酒的关注——它已经成为鸡尾酒现象的贡献者之一，通过搭配鸡尾酒和菜品，餐饮业和鸡尾酒业这两个领域完美结合。

餐前鸡尾酒

说起餐前酒，可以参照意大利经典美食小披萨（Pizzette）和意式薄饼（Focacce）喜欢搭配的餐前酒食用，尤其是斯普里兹酒（Spritz）、尼格罗尼酒（Negroni）和贝里尼酒（Bellini）；西班牙著名的Tapas餐前小吃搭配金汤力酒（Gin Tonic）食用。尽管由于文化的差异，法国人对于红酒有着强烈的偏爱，但参考上述两个国家的例子，法国还是能够轻而易举地接受挑战，让鸡尾酒在餐前大放异彩。

晚餐鸡尾酒

如今，人们常点一杯鸡尾酒，配腌制品饮用，或者跳出餐前酒的条条框框，搭配简约而清淡的晚餐。一些餐馆甚至打破鸡尾酒的口味搭配问题，敢于提供专门与鸡尾酒搭配的菜品。这些搭配经常借鉴其他地区的异域风情：例如，皮斯科酸酒经常搭配利马柠汁腌鱼生，僵尸鸡尾酒搭配提基风味美食，干马提尼鸡尾酒搭配纽约牡蛎，玛格丽塔鸡尾酒搭配卷饼或牛油果酱……

佐餐鸡尾酒

没错，这个我们称之为"佐餐鸡尾酒"的新现象是紧随"新法餐"（一种指定使用天然产品的大厨负责制烹饪法）和天然红酒（无化学添加物）的兴起而出现的。因此，最易受影响的消费者（25~35岁购买力持续上升的群体）不再害怕在下班后的聚会中（极有可能会占用晚上的大部分时间）饮用鸡尾酒了。

追求品质

选用特定产区的高品质食材、手工自制产品、考量季节性因素……这些是厨师和调酒师共同的选择。无论是烹饪还是调酒，对品质都有着相同的要求。品质拉近了两个领域行家之间的距离，通过技术交流，美食与美酒这两个不同的世界在餐桌上和谐共存。

家庭自制

完全可以在家中自行制作晚餐开胃酒。首先，依据我们提供的经典鸡尾酒，想出最合理的搭配，然后按照自己的口味，循序渐进地创作出属于自己的晚餐和鸡尾酒搭配。

常见问题解答

在商业网站上，经常会看到一个名叫FAQ的板块，它是"Frequently Asked Questions"的缩写。这一专栏提供所有涉及该网页运行问题的答案。在《世界经典鸡尾酒大全（珍藏版）》一书中，我们也设置了相同的版块，用于快速而简洁地回答与鸡尾酒相关的基础问题。有些提问实在太过简单，我们就不再花时间进行解答。以下就是我们提供的常见问题解答。

为什么我在鸡尾酒中加入了蛋清，却并没有产生很多泡沫？

这一现象的产生有许多原因：

- 忘记去冰干摇或者鸡尾酒的摇和程度不足。如果是这种情况，请将鸡尾酒重新倒入摇酒壶中去冰干摇。通过这一步骤，在重新进行蛋清乳化的同时避免了鸡尾酒被额外水分稀释的可能。

- 倾倒鸡尾酒过程过于缓慢。鸡尾酒有一条准则：摇和过程一经完成，应该马上开启过滤步骤，这主要是为了防止酒液进一步被稀释。如果鸡尾酒含有蛋清，这一准则尤为重要，因为过滤过程越缓慢，就会有越多的泡沫停留在冰块上。如果之前的速度不够快，请将酒液重新倒入摇酒壶中，然后再次进行过滤。

什么时候需要用吸管？

吸管只用于加冰供应的鸡尾酒，基本上搭配高筒杯形，如高球杯（尤其不要置于马提尼杯或短饮杯中）。吸管能够使品尝过程更加简便。

当鸡尾酒加冰块供应时，一根吸管就可以，而加碎冰供应时，则需要两根吸管。

如果没有调酒师工具如何调制鸡尾酒？

专业调酒工具完全可以用经典厨房用具替代：

- 摇酒壶的代替品：带盖子的玻璃广口瓶。
- 量杯的代替品：蛋杯或起到基本测量作用的利口酒杯。
- 吧勺的替代品：容量相同的咖啡匙和用于搅拌食材的筷子。
- 冰的替代品：如果没有冰，还是换个配方吧。

冰块还是碎冰？

相比于冰块来说，碎冰能够更快地冷却和稀释鸡尾酒，但这一现象只适用于某些鸡尾酒。如果用冰块来替代碎冰，为了获得更大程度的稀释度，就需要延长混合的时间。

反之，碎冰不能随便替代冰块，强烈建议不要向摇酒器中添加碎冰，这样很可能得到水量过多的残品。

稀释是好还是坏？

如果稀释真如所想的如此无用，那么所有的食材就应该在冰箱冷却然后直接混合，不需要添加任何冰类产品！然而事实并非如此，稀释对于所有鸡尾酒来说都是非常重要的：每一款鸡尾酒都应该通过冰的稀释而多出10%～15%的水分。

掌握和控制好稀释程度至关重要。大体积冰块在冷却时最好用，因为它们可以在释放更多冷气的同时更慢地溶解。

另外，请记住，要根据制作鸡尾酒的总量提前准备好足够的冰。

用什么样的酒杯？

根据鸡尾酒的种类来选择杯型是十分必要的——要考虑到鸡尾酒是否加冰，以确保填满载杯。通常来说，最好选用配方推荐的杯型，然后再根据杯子来适当调整配方用量。比如，不要用高球杯盛不加冰的短饮，因为这样很有可能改变鸡尾酒的口感和风味。

蔗糖糖浆、单糖糖浆、砂糖和蔗糖，要用哪一款？

在某些鸡尾酒中，酸味、甜味、辛辣酒精味之间的平衡十分重要。

- 砂糖：杯底常常会有没溶解的颗粒，这使得鸡尾酒一开始甜味不足，而喝到最后却甜味过剩。
- 蔗糖糖浆：该糖浆甜度非常高，因此难以掌握剂量。
- 单糖糖浆：这是最经济实惠、最好掌控剂量的糖浆（一体积单糖糖浆+一体积柠檬汁=完美的平衡）。

最后，蔗糖和砂糖有什么区别？主要是味道和颜色的区别，就这么简单！

如何在家自制单糖糖浆？

只需在容器中混合一体积单糖和一体积冷水即可（如500克砂糖混合500克水）。将二者混合直至砂糖完全溶解，然后将制作好的糖浆倒入瓶子里，最后存入冰箱冷藏。

可以用其他食材代替新鲜柠檬汁吗?

无论是口感还是酸度,没有东西可以代替柠檬汁。超市售卖的所有替代品都不适用于鸡尾酒,只会大大降低其品质。如果手上没有柠檬等柑橘类食材,最好选择不含柠檬的鸡尾酒配方。

如果我没有配方需要的酒怎么办?

有时候,用一种酒代替同类的另一种酒是完全可行的(如用伏特加代替金酒,用苏格兰威士忌代替波旁威士忌,用一种利口酒代替另一种利口酒……),然而这绝不是常态。鸡尾酒和烹饪一样,不能随心所欲混合所有食材。如果某种金酒的替代品对于一款鸡尾酒有效,这并不代表它适用于所有以金酒为基酒的鸡尾酒配方。而且,即便有些搭配在理论上完全行得通,实际操作却大相径庭。这全靠自己来实验!

一般来说,最好在酒吧将所有种类的基酒都备上一瓶(伏特加、金酒、白朗姆酒、琥珀朗姆酒、龙舌兰酒、白兰地、威士忌)。

第二篇
鸡尾酒的100种经典配方

开篇寄语

　　本篇实用有趣，从某种程度来说，是整本书最核心的部分。它能够直接地运用前面章节所介绍的内容，从理论知识过渡到具体应用，制作出属于自己的鸡尾酒！

　　本篇为提供了100种插图精美、内容详尽的鸡尾酒配方，配以权威的文献资料，让读者更好地了解每款鸡尾酒的历史起源。也可以通过书中的小贴士了解到许多其他相似或同类品种的鸡尾酒知识。

　　除此之外，本篇将不容错过的各式鸡尾酒按照调制的难易程度分成三个等级，即第1级、第2级和第3级，使介绍更加通俗易懂、有所侧重。读者也可以对其制作过程和口感有分层次的了解。

　　最后，在阅读本篇鸡尾酒调制方法的时候，不要忘记经常参阅前一篇详细介绍的重点内容，这样才能调制出心仪的鸡尾酒佳作。

第1级的50种调制配方

如果您是调配鸡尾酒的新手，想要在此领域小试牛刀，那么这一部分就是为您量身打造的！

我们列出了一个易于上手的鸡尾酒清单。清单中的原料无论是从口味还是从获取的难易程度来说，都非常适合新手。

在这部分，我们为您准备了最不容错过的经典鸡尾酒品种，如莫吉托、斯普里兹、干马提尼和曼哈顿等。

通过第1级章节的学习，可以愈加熟练地掌握调制鸡尾酒的基本技巧，例如如何平衡配方中的不同口味……

N°1 ———

莫吉托（Mojito）

必尝的古巴传统饮品

您可能还喜欢	
第2级	老古巴人（Old Cuban）第221页

起源

2000年之后，莫吉托成为法国人最喜爱的饮品。然而，这款鸡尾酒的配方实际上源于一个更为久远的传统，可以追溯至16世纪末著名探险家弗朗西斯·德雷克。他习惯用一种很简单的方法将朗姆酒与薄荷、甘蔗糖浆还有青柠檬混合在一起，以祛除如痢疾、坏血病等疾病。19世纪20年代开始，由于作家欧内斯特·海明威等各位著名人物的推动，莫吉托成为古巴的国饮。

配料

8片	新鲜的薄荷叶
25毫升	单糖糖浆
25毫升	青柠汁
50毫升	古巴白朗姆酒
2醇*	安格斯特拉苦精
25毫升	起泡水

装饰：一簇新鲜的薄荷叶
工艺：直调法
容器：高球杯
冰块：方形冰块

制作

1. | 用手拍打薄荷叶，然后将其放入高球杯内。

2. | 用冰块装满杯子。

3. | 将其他所有配料倒入杯子内。

4. | 用吧勺（调酒棒）由上至下搅拌均匀。

5. | 加入两根吸管并点缀装饰。

小贴士：
莫吉托的调制方法有很多种：配料使用碎冰或冰块均可，砂糖或蔗糖均可，是否添加苦酒也可自由选择……在这里为大家介绍的版本是在家里就可自行制作的、易于操作的方法。各位也可以尝试其他不同的调制方法，选出自己最喜欢的一款！

*醇为计量单位，指某种液体几滴左右的剂量。

N°2

贝里尼（Bellini）

向威尼斯绘画致敬

您可能还喜欢	
第1级	闪烁（Twinkle） 第358页

起源

如果去威尼斯，贝里尼是必喝的一款极受追捧的鸡尾酒。它的调制方法比较简单，是由威尼斯一家著名的酒吧——哈利酒吧的店主希普利亚尼于1940年末创造出来的。从那以后，贝里尼就在威尼斯的绝大部分重要场所传开了。这款鸡尾酒的名字是为了纪念文艺复兴时期著名的画家——乔瓦尼·贝里尼而命名的。正是他的一幅红黄均匀、色调饱满的画作给予了希普利亚尼创作贝里尼鸡尾酒的灵感。

配料

30毫升　桃子果泥
100毫升　普罗塞科起泡酒

工艺：直调法
载杯：香槟杯

制作

1. | 将桃泥倒入香槟杯中。

2. | 加入普罗塞科起泡酒。

3. | 用吧勺（调酒棒）轻轻地搅拌。

小贴士：
想要尽可能保留桃子的味道，可以在夏天自制桃泥：将3个成熟的黄桃和50毫升单糖糖浆混合，然后在细网过滤器中过滤以获取口感圆润滑腻的桃泥。

法式马提尼
（French Martini）

然而并非纯正法式

您可能还喜欢	
第1级	雅莫拉酒（Ja-Mora） 第325页

起源

这款果味浓郁的鸡尾酒创造于20世纪80年代，它的诞生地是美国纽约的一家名叫凯斯·麦克纳利的餐厅。法式马提尼属于马提尼酒系列，名字来源于其使用的酒杯"马提尼杯"。但请不要把这款酒和干马提尼（第107页）弄混，二者的味道截然不同。法式马提尼更贴近意式特浓马提尼（第223页）的味道，成为那些年时尚口味的一个标志。

配料

50毫升　伏特加
15毫升　香波堡利口酒
25毫升　菠萝汁

装饰：一块菠萝
工艺：摇酒壶
载杯：鸡尾酒杯
冰：冰块

制作

1. | 在鸡尾酒杯中搅动几个冰块使其冷却。

2. | 将所有的配料倒入摇酒壶中。

3. | 向摇酒壶中加入8~10个冰块，摇和15秒钟。

4. | 从鸡尾酒杯中取走冰块。

5. | 双重过滤鸡尾酒，点缀装饰。

小贴士：
很少有人知道香波堡利口酒。这种酒诞生于路易十四时期，属于法国历史的一部分。这种酒的主要配料是卢瓦尔河流域的覆盆子和桑葚，其中还混合着香草、蜂蜜和一点点干邑白兰地。

绿兽鸡尾酒
（Green Beast）

苦艾宾治

您可能还喜欢	
第3级	**午后之死** （Death in the afternoon） 第255页

起源

这款鸡尾酒的出现正值苦艾酒重回合法饮品行列之时，它是查尔斯·威克塞纳（Charles Vexenat）于2010年创造出的一首致敬幻绿仙子的颂歌。鸡尾酒的配方不仅融合了烈酒中茴香和薄荷的芬芳，还颇具特色地散发出黄瓜香气，标志着这款酒重归酒吧鸡尾酒的常饮行列，同时也意味着宾治碗走向大众视野，成为宴饮宠儿。

六人份配料

100毫升	苦艾酒
100毫升	单糖糖浆
100毫升	青柠汁
400毫升	矿泉水
30片	黄瓜

工艺：宾治碗
载杯：古典杯
冰：冰块

制作

1. | 将包括黄瓜片在内的所有配料倒入宾治碗。

2. | 加入三十多块冰块。

3. | 用长柄大勺搅拌。

4. | 将调制好的鸡尾酒倒入古典杯中，并使冰块和黄瓜切片均匀分布各个杯中。

小贴士：
由于这款鸡尾酒方便操作，适宜大量准备，因此是人数众多的晚宴或派对的绝佳饮品。

N°5

大都会（Cosmopolitan）

鸡尾酒中的致命诱惑

您可能还喜欢	
第1级	色情影星马提尼 （Porn Star Martini） 第340页

起源

作为20世纪90年代纽约的鸡尾酒先锋，大都会鸡尾酒实际上可以追溯到更为久远的历史。从1930年开始，人们就在文学作品中看到这款鸡尾酒的名字，不过其配方与现在的有所区别。20世纪70年代时，蔓越莓汁的应用开始出现，不过直到1990年它才和柠檬伏特加搭配使用。后来，纽约一位著名的调酒师戴尔·德格罗夫（Dale DeGroff）通过加入一片炙烤过的橙皮进一步优化了该鸡尾酒的配方。今时今日，大都会鸡尾酒作为经典仍饱受欢迎，电视剧《欲望都市》的播出更使得这款鸡尾酒享誉世界。

配料

30毫升	柠檬伏特加
30毫升	干橙皮利口酒
30毫升	蔓越莓汁
15毫升	青柠汁

装饰：一片炙烤过的橙皮
工艺：摇酒壶
载杯：鸡尾酒杯
冰：冰块

制作

1. | 在鸡尾酒杯中放入几块冰块使酒杯冷却。

2. | 将所有配料倒入摇酒壶中。

3. | 加入8～10块冰块，摇和15秒钟。

4. | 将鸡尾酒杯中的冰块取出。

5. | 将鸡尾酒双重过滤并倒入杯中。

6. | 炙烤橙皮后放入酒中。

小贴士：
这款鸡尾酒的配方比例是由原来的高浓度酒精配方改良而来，让这款酒更加适合大众饮用。

N°6

小宾治（Ti Punch）

安的列斯群岛的异域风味

您可能还喜欢	
第1级	**小丁格**（Small Dinger） 第351页

起源

小宾治是农业白朗姆酒的主要产地——法属安的列斯群岛的特色，完全可以说是马提尼克岛和瓜德鲁普岛的"惯饮酒"。尽管这款酒的品名中有"宾治"，但其配方与宾治酒（五种配料）的基本调制方法大不相同，反而与古巴代基里酒（第119页）颇为相似。小宾治和古巴代基里酒虽然调制方法各不相同，但配料完全一致。

配料

1/2个	青柠檬
1咖啡匙	砂糖
50毫升	农业白朗姆酒

工艺：直调法
载杯：古典杯

制作

1. | 将切成小块的半个青柠檬放入古典杯底部。

2. | 加入砂糖并用捣杵研碎杯中配料。

3. | 向杯中倒入朗姆酒。

4. | 用吧勺搅拌以便将糖全部溶化。

小贴士：
糖溶化后，可以加入一些冰块以稀释和淡化这款鸡尾酒的浓烈口味。您可以依据口味和喜好来改变糖量，个性化定制出属于您自己的配方。有些人甚至只加入挤压过的青柠果皮。

N°7 ————

椰林飘香（Piña Colada）

波多黎各国饮鸡尾酒

您可能还喜欢	
第1级	镇痛剂（Painkiller） 第336页

起源

这款鸡尾酒简单直接的品名可以让一些人联想到轻松愉悦的时光：手握一杯鸡尾酒，在酒店泳池边，抑或在阳光充足的沙滩棕榈树下尽情地享受。尽管椰林飘香的格调有着20世纪80年代的风情，事实上，这款鸡尾酒是1954年波多黎各圣胡安希尔顿酒店的杰作，有多款不同的配方，一直大受欢迎，并于1974年一举成为了多黎各的国饮。椰林飘香与思慕雪质地相似，口感丝柔爽滑，极具风味，像极了一道唤醒味蕾的餐后甜品。

配料

50毫升　波多黎各白朗姆酒
30毫升　椰子奶油
60毫升　菠萝汁

装饰：一块菠萝，一颗糖渍樱桃
工艺：摇酒壶
载杯：飓风杯
冰：冰块

制作

1. | 将所有的配料倒入摇酒壶中。

2. | 向摇酒壶中加入8～10块冰块并摇和10秒钟。

3. | 在飓风杯中装满冰块后倒入过滤的鸡尾酒。

4. | 在杯中插入一根吸管并装饰鸡尾酒。

小贴士：

此款鸡尾酒也有另一种制作方法：将所有配料直接倒入搅拌机中与碎冰一起搅拌20秒钟，您就可以获得冰饮版椰林飘香。

N°8

自由古巴（Cuba Libre）

别再称其"朗姆可乐"

您可能还喜欢	
第1级	芬克医生（Doctor Funk） 第311页

起源

自由古巴鸡尾酒的传奇故事源于一个美国军官——在古巴独立战争（1895—1898）结束之际，这位军官曾在喝这款鸡尾酒（我们今天通常叫它"朗姆可乐"）之前，大声祝酒："为了古巴的自由。"不过，如若想要品尝到这款非常经典的鸡尾酒的原始风味，切记要遵从调酒的比例，并严格把控基酒朗姆酒的产地来源。

配料

50毫升	古巴白朗姆酒
100毫升	可乐

装饰：一块青柠檬
工艺：直调法
载杯：高球杯
冰：冰块

制作

1. | 将高球杯装满冰块。

2. | 将所有的配料倒入杯中。

3. | 用吧勺由上至下搅拌。

4. | 插入一根吸管并装饰鸡尾酒。

小贴士：

本款鸡尾酒可使用辛辣或具有龙涎香的朗姆酒，自由变换口味。如果想增加酸度，可以将装饰用的青柠片汁挤入酒中。自此，开始有了用可乐等软饮料手工制作的鸡尾酒，让调酒更具风味。

N°9

凯匹林纳（Caïpirinha）

巴西制造

您可能还喜欢	
第1级	金银花（Honeysuckle） 第324页

起源

包含卡莎萨酒、上等巴西烈酒在内的三种配料的完美混合，使得凯匹林纳鸡尾酒大获成功，荣升为巴西的鸡尾酒国酒。相比于"近亲"莫吉托（第81页），凯匹林纳鸡尾酒因不添加起泡水，而口味更加醇厚。这款鸡尾酒作为20世纪20年代治疗西班牙流感的药酒而被人熟知，其配方中还加有蒜泥和蜂蜜。

配料

1/2个　青柠檬
25毫升　单糖糖浆
50毫升　卡莎萨酒

装饰：一块青柠檬
工艺：直调法
载杯：古典杯
冰：碎冰

制作

1. | 把切成小块的半个青柠檬放入古典杯底研碎。

2. | 将杯子装满碎冰后倒入所有配料。

3. | 用吧勺由上至下搅拌。

4. | 插入两根吸管并装饰鸡尾酒。

小贴士：
可以添加水果以改变鸡尾酒的风味，如覆盆子、芒果、西番莲等。需要注意的是，在加入碎冰前请先在杯底研碎水果。

玛利萝（Marilou）

有个性的无酒精饮品

您可能还喜欢	
第1级	处女莫吉托（Virgin Mojito） 第115页

起源

那些理所当然地认为无酒精鸡尾酒饮品的口感基本上都是十分甜腻的人，在品尝完这款鸡尾酒后定会大吃一惊。玛利萝鸡尾酒风味浓郁、口感辛辣，不刻意平衡食材口味，饮品甜度恰到好处。或许这款酒的名字就是为了致敬玩世不恭的法国歌手赛日·甘斯布（Serge Gainsbourg）呢？[1]

配料

50毫升　菠萝汁
10毫升　姜糖浆
5毫升　青柠汁
50毫升　奎宁水（微毒性，孕妇禁用）

装饰：粉红胡椒粉末（做酒杯的霜边），一块青柠檬
工艺：直调法
载杯：高球杯
冰：冰块

制作

1. | 研碎50克粉红胡椒后将其在过滤器中过筛以获得胡椒粉末。

2. | 将高球杯杯身裹上粉末，然后在杯中装满冰块。

3. | 将所有配料倒入酒杯。

4. | 用吧勺搅拌杯中配料。

5. | 插入一根吸管并装饰鸡尾酒。

小贴士：
粉红胡椒粉末挂在杯壁上，不直接与鸡尾酒接触，但却可以为饮用者带来口口辛香，以至您可能都会忘记自己在喝的是一款无酒精饮品。

1 法国歌手赛日·甘斯布有一首作品名叫*Marilou reggae*。他同时又是作曲家、钢琴家、电影作曲家、诗人等，被视为世界上最有影响力的流行音乐家之一。

N°11

阿贝罗斯普里兹
（Aperol Spritz）

最受喜爱的意大利开胃酒

您可能还喜欢	
第1级	**单车**（Bicicletta） *第296页*

起源

2000年时，该款鸡尾酒除意大利威尼托大区外尚无人知晓，现在已然成为开胃酒界的重要"人物"。阿贝罗斯普里兹开胃酒（或者我们可以直接简称为斯普里兹酒）制作简便，易于入口，丝丝苦味恰到好处，是晴天来街边露天咖啡座上的一道靓丽风景。阿贝罗斯普里兹开胃酒的得名源于19世纪末，驻扎在威尼斯的众多奥地利士兵要求旅店主人（斯普里兹人）倒入起泡水以稀释意大利酒中高浓度的酒精，从而产生这款配方。

配料

40毫升　阿贝罗酒
60毫升　普罗塞克起泡酒
20毫升　起泡水

装饰：一片橙子
工艺：直调法
载杯：红葡萄酒杯
冰：冰块

制作

1. | 将红葡萄酒杯装满冰块。

2. | 将所有配料倒入酒杯中。

3. | 用吧勺由上至下搅拌。

4. | 插入一根吸管并装饰鸡尾酒。

小贴士：
可以改换食材，用等量的金巴利利口酒或其他意大利苦酒来代替阿贝罗酒，以增加鸡尾酒的苦味。虽然苦味增加，但风味依旧。

汤姆·柯林
（Tom Collins）

柯林元老

您可能还喜欢	
第2级	**金菲兹**（Gin fizz） 第189页

起源

柯林属于长饮酒，可以直接在高脚杯中调制。柯林类酒的特点就在于使用的辅料相同（柠檬、砂糖、起泡水），但作为基酒的烈酒可以做多种选择（伏特加酒、朗姆酒……）。以金酒作为基酒的柯林最为出名，它于1876年第一次出现在杰瑞·托马斯（Jerry Thomas）的《调酒师指南》（*Bartender's Guide*）一书中。这款柯林之所以能在几年后受到大家关注，正是得益于它使用独特的老汤姆金酒。

配料

50毫升	老汤姆金酒
25毫升	柠檬汁
25毫升	单糖糖浆
100毫升	起泡水

装饰：一片柠檬，一颗糖渍樱桃
工艺：直调法
载杯：高球杯
冰：冰块

制作

1. | 将起泡水除外的其他配料倒入装满冰块的高球杯中。

2. | 用吧勺搅拌。

3. | 加入起泡水直至满杯，再次搅拌。

4. | 插入一根吸管并装饰鸡尾酒。

小贴士：
老汤姆金酒在18世纪时风靡英国，相较于伦敦干金酒，它的口味更加甜润。由于鸡尾酒界的复兴，老汤姆金酒重回大众视野。

N°13

加里波第（Garibaldi）

统一意大利的风味

您可能还喜欢	
第1级	坦比克（Tampico） 第353页

起源

这款鸡尾酒的名字来源于一位名声显赫的意大利将军——朱塞佩·加里波第（Giuseppe Garibaldi），而人们则通常将这款酒称为"金巴利橙汁"。加里波第是意大利国家统一的功臣，是政治和历史上的风云人物。这款鸡尾酒的名字代表了意大利南方和北方的联合，即橙子之乡（南方）和金巴利利口酒产地（北方）的联合。也有其他人认为，这款酒也代表着加里波第将军到达西西里岛下船时所穿的红色长袍。

配料

50毫升　金巴利利口酒
100毫升　橙汁

装饰：一片橙子
工艺：直调法
载杯：高球杯
冰：冰块

制作

1. ｜ 将高球杯装满冰块。

2. ｜ 将所有配料倒入酒杯中。

3. ｜ 用吧勺搅拌。

4. ｜ 点缀装饰。

小贴士：
金巴利利口酒的苦涩与快速挤压的橙汁中的香甜与酸度中和，口感均衡。

N°14

干马提尼（Dry Martini）

詹姆斯·邦德的开胃酒

您可能还喜欢	
第2级	维斯帕（Vesper） 第187页

起源

这大概是最为出名的一款鸡尾酒了！干马提尼色泽如水般晶莹剔透，搭配绿橄榄或柠檬果皮作为装饰，只需一眼即可辨认，是成千上万人共同的开胃酒选择。詹姆斯·邦德是这款酒最忠实的代言者，尽管调酒的配方完全出于个人想法，但却极受追捧。这款鸡尾酒口感干涩，具有一点法国特点，根据基酒金酒种类的不同，其味道也不尽相同，再多的言语也无法切实地描绘出其出众的品相。

配料

10毫升　干味美思
50毫升　金酒

装饰：一颗橄榄或一片柠檬果皮
工艺：调酒杯
载杯：鸡尾酒杯
冰：冰块

制作

1. | 取几块冰块在鸡尾酒杯中旋转以冷却酒杯。

2. | 将所有配料倒入装满冰块的调酒杯。

3. | 用吧勺搅拌20秒钟。

4. | 将鸡尾酒杯中的冰块取出。

5. | 过滤鸡尾酒，倒入酒杯中，并点缀装饰。

小贴士：

在调制干马提尼的过程中，酒液的温度和稀释程度都至关重要，因此在倒入酒杯前请先行品尝一下酒的味道。不要忘记这款酒的成品是不含冰块的，也就是说只有在准备过程中酒液才被稀释。另外，切记这款酒一定要盛在结霜的酒杯中供应客人以保证其冷却度。

庄园主宾治
（Planter's Punch）

像五根手指一样的宾治

您可能还喜欢	
第2级	飓风（Hurricane） 第325页

起源

宾治的历史可以追溯到16世纪的印度。那时的水手们大部分都是英国人，习惯于将塔菲亚酒（一种初级的朗姆酒）与当地的香料、砂糖、水果和水混合作为饮品。总的来说，"宾治"（punch）这个名字正是来源于这五种混合配料，因为在梵语中"宾治"（pancha）意味着数字"五"。世界范围内的海航使得饮用宾治的传统得以广泛传播，弥久流传，现有的宾治调酒配方亦花样众多。此处推荐的配方起源于南卡罗来纳州的查尔斯顿。

配料

50毫升	琥珀朗姆酒
50毫升	橙汁
50毫升	菠萝汁
15毫升	青柠汁
15毫升	石榴糖浆
2醇	安格斯特拉苦精

装饰：一块菠萝，一颗糖渍樱桃
工艺：摇酒壶
载杯：高球杯
冰：冰块

制作

1. | 将所有配料倒入摇酒壶中。

2. | 向摇酒壶中加入8～10块冰块并摇和10秒钟。

3. | 在装满冰块的高球杯中加入过滤的酒液。

4. | 插入一根吸管并装饰鸡尾酒。

小贴士：
可以根据个人的口味更换朗姆基酒或者向鸡尾酒中加入少许香料，些许改变均会带来不一样的享受。

含羞草（Mimosa）

优雅的创造

您可能还喜欢	
第1级	瓦伦西亚（Valencia） 第359页

起源

弗兰克·迈耶（Frank Meier）于20世纪20年代在巴黎的丽兹酒店酒吧发明出含羞草鸡尾酒。这款鸡尾酒主要在宫廷中作为早午餐供应，后来成为优雅与富足生活的象征。橙香与香槟的完美融合使其也被称作巴克菲兹，不过这两种酒的配料比例完全相反。

配料

40毫升　橙汁
80毫升　干香槟

工艺：直调法
载杯：香槟杯

制作

1. | 将橙汁倒入香槟杯中。
2. | 向杯中加入香槟。

小贴士：
在倒入香槟的时候请多加小心，缓慢倒入，因为香槟和鲜榨果汁混合时容易产生大量泡沫。

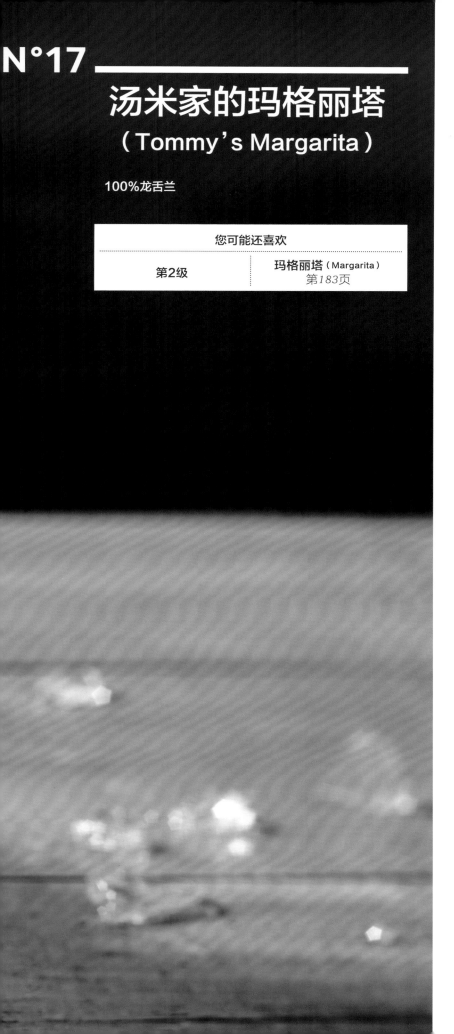

N°17

汤米家的玛格丽塔

（Tommy's Margarita）

100%龙舌兰

您可能还喜欢	
第2级	玛格丽塔（Margarita） 第183页

起源

这款人们通常称为"汤米家的酒"是著名的玛格丽塔鸡尾酒（第183页）的衍生版本，在墨西哥名声大噪，几乎可以成为官方饮品。人们用龙舌兰糖浆代替配料中的干橙皮利口酒，这个配方最早是由胡里奥·柏密奥（Julio Bermeja）于20世纪90年代末在旧金山发明出来的。相较之传统不含糖的玛格丽塔酒，这款酒口感更加甜润。

配料

50毫升	墨西哥龙舌兰酒
25毫升	青柠汁
15毫升	龙舌兰糖浆

装饰：一块青柠檬
工艺：摇酒壶
载杯：古典杯
冰：冰块

制作

1. | 将所有配料倒入摇酒壶中。

2. | 向摇酒壶中加入8~10块冰块并摇和10秒钟。

3. | 在装满冰块的古典杯中倒入过滤的鸡尾酒。

4. | 插入一根吸管并装饰鸡尾酒。

小贴士：
龙舌兰糖浆果糖含量丰富，相比于砂糖能更大幅增加甜度，同时也能降低调制鸡尾酒所必须添加的糖量，从而控制糖分的摄入。它比砂糖和蜂蜜更快溶解，因此在冰镇饮品如冰茶中加入龙舌兰糖浆也具有很好的效果。

处女莫吉托
（ Virgin Mojito ）

与原版一样清爽可口

您可能还喜欢	
第1级	**处女可乐达**（ Virgin Colada ） 第123页

起源

这款无酒精莫吉托鸡尾酒用苹果汁代替了原版莫吉托中的朗姆酒，给人营造出一种视觉陷阱。鸡尾酒入口后，你会惊讶地发现苹果汁中的天然糖分、细腻顺滑的糖渍风味与柠檬和薄荷完美地结合在了一起……快来畅饮一杯吧！

配料

8片	新鲜薄荷叶
15毫升	单糖糖浆
25毫升	青柠汁
60毫升	浑浊苹果汁
30毫升	起泡水

装饰：一簇新鲜薄荷
工艺：直调法
载杯：高球杯
冰：冰块

制作

1. | 用手拍打薄荷叶然后放入高球杯中。

2. | 将酒杯装满冰块。

3. | 将剩下的配料倒入酒杯中。

4. | 用吧勺由上至下搅拌。

5. | 插入两根吸管并装饰鸡尾酒。

小贴士：
也可以用葡萄汁或者菠萝汁代替配料中的苹果汁。

N°19 ——————

迈泰（Mai Tai）

提基造物主图腾

您可能还喜欢	
第1级	芬克医生（Doctor Funk） 第311页

起源

垂德维客（Trader Vic）和唐·比奇科默（Don The Beachcomber）在提基文化中扮演着重要的角色，二人均自称为迈泰鸡尾酒之父。迈泰鸡尾酒是提基文化的代表鸡尾酒之一，受到波利尼西亚文化的感染，品名在塔希提语中意味着"最佳"。尽管两位所创造的鸡尾酒使用一个共同的名字——迈泰，他们的配方却不尽相同，除了都使用朗姆酒、干橙皮利口酒和青柠外，剩余的配料均不一样。这里介绍的是垂德维客的配方，更易于在家中自行调制。

配料

25毫升	牙买加琥珀朗姆酒
25毫升	农业琥珀朗姆酒
10毫升	干橙皮利口酒
25毫升	青柠汁
15毫升	巴旦杏仁糖浆

装饰：一块青柠檬，一簇新鲜薄荷
工艺：摇酒壶
载杯：古典杯
冰：冰块

制作

1. | 将所有配料倒入摇酒壶中。

2. | 向摇酒壶中加入8~10块冰块并摇和10秒钟。

3. | 在装满冰块的古典杯中倒入过滤的酒液。

4. | 插入一根吸管并装饰鸡尾酒。

小贴士：

以下是唐·比奇科默的配方：40毫升牙买加琥珀朗姆酒，20毫升古巴白朗姆酒，25毫升粉红葡萄柚汁，20毫升青柠汁，15毫升干橙皮利口酒，10毫升威尔维特法勒诺姆酒，6滴苦艾酒，2醇安格斯特拉苦精。

代基里（Daiquiri）

古巴传奇

您可能还喜欢	
第2级	海明威代基里 （Hemingway Daiquiri） 第207页

起源

代基里鸡尾酒常常与海明威相联系，因为他酷爱这款鸡尾酒（可是他不是对许多鸡尾酒都情有独钟吗？）。代基里名字的来源是古巴哈瓦那沙滩上一家名叫佛罗里达的酒吧。这家酒吧别名叫做"代基里之乡"（Cuña del Daiquiri），在美国禁酒时期（1919—1933年），这家酒吧大受欢迎，成为美国人途经小岛时的必去之处。

配料

25毫升	青柠汁
25毫升	单糖糖浆
50毫升	古巴白朗姆酒

装饰：一块青柠檬
工艺：摇酒壶
载杯：鸡尾酒杯
冰：冰块

制作

1. | 取几块冰块在鸡尾酒杯中旋转以冷却酒杯。

2. | 将所有配料倒入摇酒壶中。

3. | 向摇酒壶中加入8～10块冰块并摇和20秒钟。

4. | 从鸡尾酒杯中取出用于冷却的冰块。

5. | 双重过滤酒液，倒入酒杯，并点缀装饰。

小贴士：
这款鸡尾酒有一定的酒精含量，在调制过程中需要一定的稀释，因此摇和20秒钟使得冰块将酒液结霜。

魂断威尼斯

（Death in Venice）

掌握苦味的秘密

您可能还喜欢	
第1级	地下通道（Tunnel） 第358页

起源

魂断威尼斯鸡尾酒的灵感来源于开胃鸡尾酒"致敬意大利女人"，这款开胃酒的苦涩口感与普罗塞科起泡酒的果味气泡相得益彰。魂断威尼斯鸡尾酒风味考究，苦味醇厚，葡萄柚苦酒带来精致的醇美享受，使其在"斯普里兹鸡尾酒"（第101页）与"误调尼格罗尼鸡尾酒"（第348页）之间占有一席之地。

配料

15毫升	金巴利利口酒
5滴	葡萄柚苦酒
125毫升	普罗塞科起泡酒

装饰：一片橙皮
工艺：直调法
载杯：香槟杯

制作

将所有配料倒入香槟杯中并装饰。

小贴士：
相比于香槟或科瑞芒起泡酒，普罗塞科起泡酒可以带来更多的水果香气，能够完美平衡这款鸡尾酒的口味。

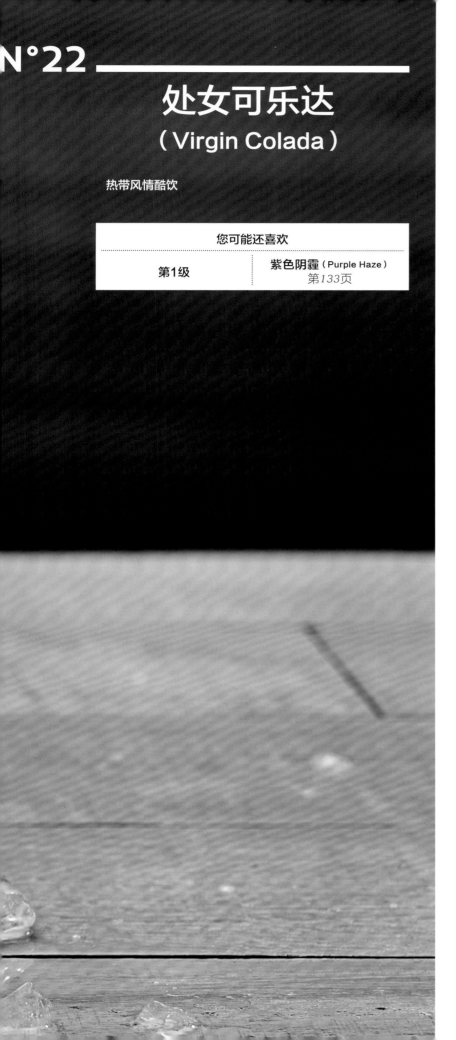

处女可乐达

（Virgin Colada）

热带风情酷饮

您可能还喜欢	
第1级	紫色阴霾（Purple Haze） 第133页

起源

当我们将一种经典鸡尾酒改造为一款无酒精饮料的时候，新的鸡尾酒会采用"处女"作为前缀。这里介绍的就是著名的椰林飘香（第93页）的无朗姆酒版本。处女可乐达配料中的青柠檬在原初的有酒精版本中并不存在，反而为这款思慕雪质地的饮品带来了些许清爽的活力。

配料

90毫升　菠萝汁
45毫升　椰子奶油
15毫升　青柠汁

装饰：一块菠萝，一颗糖渍樱桃
工艺：摇酒壶
载杯：高球杯
冰：冰块

制作

1. ┃ 将所有配料倒入摇酒壶中。

2. ┃ 向摇酒壶中加入8~10块冰块并摇和10秒钟。

3. ┃ 在装满冰块的高球杯中倒入过滤的酒液。

4. ┃ 在杯中插入一根吸管并装饰鸡尾酒。

小贴士：

请不要混淆椰子奶油与椰奶：椰子奶油更加滑腻，使鸡尾酒的质地更为香润可口。

完美女人
（Perfect Lady）

完美的白色丽人

您可能还喜欢	
第2级	白领丽人（White Lady） 第197页

起源

1936年，格罗夫纳之家的调酒师西德尼·考克斯（Sidney Cox）在一场比赛中发明了白领丽人鸡尾酒（第197页）的"扭曲"版本——"完美女人"，前者由哈利·麦克艾隆（Harry MacElhone）于几年前创造出来。这款改良的鸡尾酒用桃子利口酒代替了干橙皮利口酒，获得了当时比赛的第一名，并凭借着其甘润可口、果香浓郁逐渐从原版鸡尾酒中脱颖而出。

配料

40毫升	金酒
10毫升	桃子利口酒
25毫升	柠檬汁
15毫升	单糖糖浆
15毫升	蛋清

工艺：摇酒壶
载杯：鸡尾酒杯
冰：冰块

制作

1. | 取几块冰块在鸡尾酒杯中旋转以冷却酒杯。

2. | 将所有配料倒入摇酒壶中。

3. | 摇酒壶中不放冰块，摇和10秒钟。

4. | 打开摇酒壶，放入8~10块冰块，再次摇和15秒钟。

5. | 从鸡尾酒杯中取出用于冷却的冰块。

6. | 过滤酒液，倒入杯中。

小贴士：

想要调制出属于自己的"扭曲"版本，可以将桃子利口酒更换为其他果味利口酒（如杏子利口酒、覆盆子利口酒）。

美式（Americano）

游走于米兰和都灵间

您可能还喜欢	
第1级	误调尼格罗尼 （Sbagliato） 第348页

起源

酒吧老板加斯拜尔·金巴利（Gaspare Campari）于1861年在自己位于米兰的酒吧中创造出美式鸡尾酒，可谓经典中的经典，深受美国人喜爱。这款酒最初的名字"米兰·都灵"源于两味主要的配料（米兰的金巴利利口酒和都灵的味美思酒），1910年末，美国人开始大量涌入意大利，并对这款酒情有独钟，作为纪念，该酒因此改名为"美式"。

配料

40毫升　红味美思酒
40毫升　金巴利利口酒
60毫升　起泡水

装饰：半片橙子，半片柠檬
工艺：直调法
载杯：高球杯
冰：冰块

制作

1. | 将高球杯装满冰块。

2. | 将所有配料倒入杯中。

3. | 用吧勺由上至下搅拌。

4. | 在杯中插入一根吸管并装饰鸡尾酒。

小贴士：
美式鸡尾酒轻柔开胃，清爽解渴，虽然配方简单，易于调制，但应注意遵从配料比例，以防过度稀释酒液。

罗西尼（Rossini）

贝利尼的近亲

您可能还喜欢	
第1级	皇家海波（Royal Highball） 第345页

起源

罗西尼鸡尾酒是致敬威尼斯作曲家焦阿基诺·罗西尼（Gionachino Rossini）之作。罗西尼鸡尾酒跟威尼斯这座城市紧密联系，是贝利尼鸡尾酒（第83页）的近亲，调制方法基本相同：将新鲜果泥与普罗塞科起泡酒混合。它和贝利尼一样，由朱塞佩·希普利亚尼（Giuseppe Cipriani）于1940年在威尼斯的哈利酒吧创造出来。不过在威尼斯这座总督之城中，这款鸡尾酒现在已经广泛出现在各个重要场所。

配料

30毫升　草莓果泥
100毫升　普罗塞科起泡酒

工艺：直调法
载杯：香槟杯

制作

1. | 将草莓果泥倒入香槟杯中。

2. | 加入普罗塞科起泡酒。

3. | 用吧勺轻轻搅拌。

小贴士：

制作果泥的方法非常简单，只需将20个熟透的草莓与50毫升单糖糖浆混合即可。草莓最好选用质量更佳的品种，如口味微酸的佳丽格特草莓或气味更加香甜的马拉波斯草莓。想知道成功调制这款鸡尾酒的秘诀吗？那就是一定要选用当季的草莓（根据不同品种选用5~9月的草莓）以获取口感丰润的果泥。

皮姆杯 (Pimm's Cup)

英国范十足

您可能还喜欢	
第1级	黑刺李金菲兹 (Sloe Gin Fizz) 第350页

起源

这款酒是英国最著名的夏日酷饮，无论是野餐还是户外体育赛事都能看见它的身影。皮姆一号鸡尾酒来源于1840年一个名叫詹姆斯·皮姆的伦敦酒吧主为他的客人准备的酒，也是历史上著名的提神餐后酒：皮姆一号利口酒（ Pimm's n°1 ）。这款鸡尾酒一经问世便大受欢迎，詹姆斯·皮姆随即决定将鸡尾酒调制的基础配料装瓶并进行商业推广。因此对于客人来说，只需加入几块新鲜水果和一些柠檬汽水便可以立即得到一款皮姆杯饮品。

配料

3片	黄瓜
1/2片	橙子
1/2片	柠檬
1颗草莓	切成两半
60毫升	皮姆一号利口酒
100毫升	柠檬汽水

装饰：一簇新鲜的薄荷叶
工艺：直调法
载杯：高球杯
冰：冰块

制作

1. | 将黄瓜片和水果放入高球杯中。

2. | 将酒杯装满冰块。

3. | 用吧勺由上至下搅拌。

4. | 在杯中插入一根吸管并装饰鸡尾酒。

小贴士：

想要使鸡尾酒更加方便分配，可以采用桑格利亚鸡尾酒的制作方式，直接在小酒壶中准备酒液。皮姆杯略微苦涩的口感很容易让人想到阿贝罗·斯普里兹开胃酒（第101页）的风味。

N°27

紫色阴霾（Purple Haze）

红色水果集结号

您可能还喜欢	
第1级	公牛之眼（Bull's Eye） 第302页

起源

炎炎夏日是获取一大盘各色新鲜水果的绝佳季节，便于调制一杯艳丽夺目的无酒精饮品。红色水果带来美味的享受，酸果蔓（蔓越莓汁）与荔枝汁的均衡融合带来少糖的清爽口感，制作简单，易于上手。

配料

2颗	覆盆子
2颗	桑葚
2颗	草莓
80毫升	蔓越莓汁
80毫升	荔枝汁

装饰：一颗新鲜桑葚
工艺：直调法
载杯：高球杯
冰：碎冰

制作

1. | 用捣杆在高球杯底研碎红色水果。

2. | 将酒杯装满碎冰，然后将剩余的所有配料倒入杯中。

3. | 用吧勺由上至下搅拌。

4. | 在杯中插入两根吸管并装饰鸡尾酒。

小贴士：
也可以用搅拌机来准备这款鸡尾酒，使其质地更加滑腻，接近思慕雪的口感。

凯匹路易斯加

（Caïpiroska）

伏特加版的"凯匹"

您可能还喜欢	
第1级	堕落天使（Fallen Angel） 第315页

起源

凯匹路易斯加是凯匹林纳鸡尾酒（第97页）的伏特加改良版，如今几乎与原版齐名。即便是在巴西，大街小巷的酒吧中也都卷起了一股青睐融入波兰、俄罗斯风情烈酒的潮流。伏特加与青柠和糖作用，为鸡尾酒带来了一股别样的风味，其散发出的馥郁香气与卡沙萨酒截然不同。

配料

1/2个	青柠檬
25毫升	单糖糖浆
50毫升	伏特加酒

装饰：一块青柠檬
工艺：直调法
载杯：古典杯
冰：碎冰

制作

1. | 在古典杯杯底捣碎切成小块的半个青柠。

2. | 酒杯中放满碎冰，然后将所有配料倒入。

3. | 用吧勺由上至下搅拌。

4. | 在杯中插入两根吸管并装饰鸡尾酒。

小贴士：
调酒时优先使用小麦伏特加，这样可以使鸡尾酒增添更多馨香，黑麦伏特加也能够使这件作品独树一帜。

帕洛玛（Paloma）

真正的长饮龙舌兰酒

您可能还喜欢	
第1级	血橙玛格丽塔 （Blood Orange Margarita） 第299页

起源

虽然帕洛玛在法国同纬度地区并不常见，但在墨西哥的同类鸡尾酒中却非常出众。它的配方非常基础，烈酒与苏打这对好搭档很容易让人联想到自由古巴鸡尾酒（第95页）、金奎宁鸡尾酒或伏特加奎宁鸡尾酒。不过帕洛玛的奇特之处则在于可以巧妙地中和龙舌兰的辛辣和西柚的酸涩。

配料

50毫升　白龙舌兰酒
100毫升　西柚汽水

装饰：用顶级海盐"盐之花"制作盐霜，一小块青柠檬
工艺：直调法
载杯：高球杯
冰：冰块

制作

1. ｜ 将高球杯的一半用盐之花粘裹盐霜，然后用冰块装满酒杯。

2. ｜ 将所有配料倒入酒杯中。

3. ｜ 用吧勺搅拌。

4. ｜ 在杯中插入一根吸管并装饰鸡尾酒。

小贴士：
西柚汽水在法国较难获取，可以用以下的配方替代：30毫升西柚汁、10毫升青柠汁和30毫升起泡水。

莫斯科骡子

（Moscow Mule）

伏特加酒登陆美国

您可能还喜欢	
第1级	**英格兰乡村酷乐** （English Country Cooler） 第315页

起源

与命名不同，这款鸡尾酒并非源自俄罗斯，而是美国。莫斯科骡子的配方于美国禁酒运动（1919—1933年）末期问世，从那时起伏特加酒开始出现在美国可获取的烈酒名单上。然而，这款高浓度烈酒在波旁威士忌和当地黑麦威士忌酒盛行时期却只能勉强立足。莫斯科骡子的发明来源于一场奇特的邂逅——1940年初，一名伏特加进口商和一位姜汁啤酒制造商在纽约的一家酒吧相遇，新鸡尾酒的诞生使得双方都能更好地推销出自己的产品。

配料

50毫升	伏特加酒
100毫升	姜汁啤酒
15毫升	青柠汁

装饰：一块青柠檬
工艺：直调法
载杯：铜杯
冰：冰块

制作

1. | 用冰块装满酒杯。

2. | 将所有配料倒入酒杯中。

3. | 用吧勺搅拌。

4. | 装饰鸡尾酒。

小贴士：
铜杯是调制这款鸡尾酒的传统载杯，但并非是必不可少的，高球杯也是完全可以的。

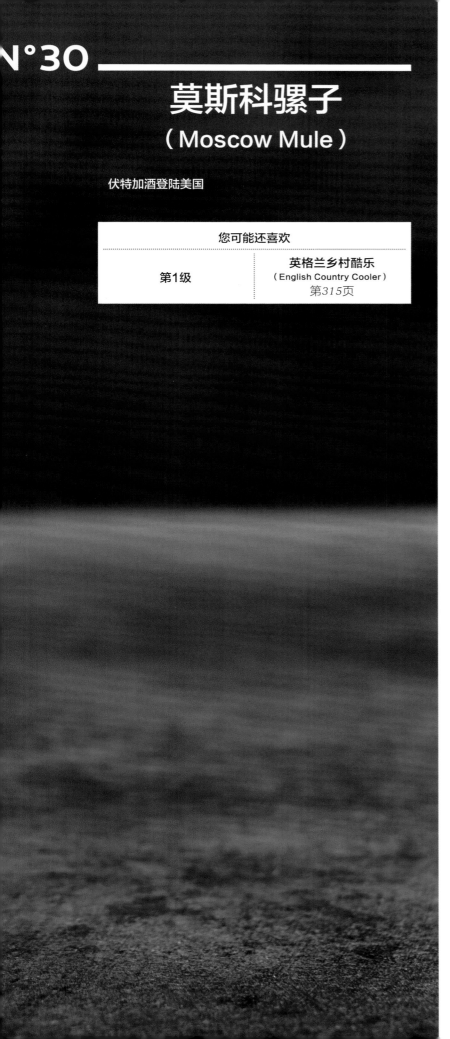

黑色俄罗斯
（Black Russian）

诱人咖啡色

您可能还喜欢	
第1级	白色俄罗斯（White Russian） 第159页

起源

正如"黑色俄罗斯"字面意思所表达的，这款鸡尾酒是以伏特加酒为基酒，咖啡利口酒为配料的深色饮品。布鲁塞尔大都会酒店首席调酒师古斯塔夫·陶波斯（Gustave Tops）于1949年创造出这款配方，献给当时美国驻卢森堡大使馆大使珀尔·梅斯塔（Perle Mesta）女士。

配料

40毫升　伏特加酒
40毫升　咖啡利口酒

工艺：直调法
载杯：古典杯
冰：冰块

制作

1. ｜ 用冰块装满古典杯。

2. ｜ 将所有配料倒入酒杯中。

3. ｜ 用吧勺搅拌。

小贴士：
黑色俄罗斯是一款易于调制的餐后酒。伏特加可以缓和利口酒的甜腻，但并不会因此遮盖住咖啡的香气。

曼哈顿（Manhattan）

美国之星

您可能还喜欢	
第2级	牢记缅因号 （Remember the Maine） 第235页

起源

干马提尼鸡尾酒来自于拉芒什海峡的鸡尾酒文化，而曼哈顿鸡尾酒则与大洋彼岸的美国鸡尾酒文化息息相关：后者已然成为一个文化符号，每一位饮用者都在竭力捍卫自己的调酒配方，认为自己的才是最准确的。由此，这款起源于20世纪中叶曼哈顿的酒精饮品已经彻底加入了名品鸡尾酒的行列。这款酒有很多不同的版本，通过改变配料的剂量或者辅酒的种类可以得到不同口味的曼哈顿鸡尾酒。

配料

50毫升	波旁威士忌
25毫升	红味美思酒
2酹	安格斯特拉苦精

装饰：一颗糖渍樱桃
工艺：调酒杯
载杯：鸡尾酒杯
冰：冰块

制作

1. | 取几块冰块在鸡尾酒杯中旋转以冷却酒杯。

2. | 将所有配料倒入装满冰块的调酒杯中。

3. | 用吧勺搅拌20秒钟。

4. | 从酒杯中取出冰块。

5. | 将过滤的鸡尾酒液倒入酒杯中并点缀装饰。

小贴士：

这款鸡尾酒千变万化，甚至有时候还可以与黑麦威士忌进行搭配。在不同版本的曼哈顿鸡尾酒中，最出名的是：英式罗伯罗伊鸡尾酒（第175页），加入少许苦艾酒的牢记缅因号鸡尾酒（第235页）以及含有彼功苦酒成分的布鲁克林鸡尾酒（第275页）。

新加坡司令

（Singapore Sling）

新加坡莱佛士酒店的名片

您可能还喜欢	
第3级	爱尔兰美人鱼（Irish Mermaid） 第325页

起源

新加坡司令鸡尾酒是调酒中的经典一款。1910年前后，严崇文在新加坡莱佛士酒店的长廊酒吧创制出这款鸡尾酒。他曾经设想这款酒是粉红色的，以供女士饮用。新加坡司令的配方主要来源于在19世纪颇为流行的司令酒，混合了烈酒、糖和水。直至20世纪30年代中期开始，新加坡酒店才把这款酒归类于经典鸡尾酒的行列，供所有人分享。

配料

50毫升	金酒
25毫升	柠檬汁
10毫升	干橙皮利口酒
10毫升	樱桃利口酒
10毫升	班尼狄克汀甜烧酒
50毫升	菠萝汁
10毫升	石榴糖浆
2醇	安格斯特拉苦精

装饰：一块菠萝，一颗糖渍樱桃
工艺：摇酒壶
载杯：飓风杯
冰：冰块

制作

1. | 将所有配料倒入摇酒壶中。

2. | 向摇酒壶中加入8～10块冰块并摇和10秒钟。

3. | 向装满冰块的飓风杯中倒入过滤的酒液。

4. | 在杯中插入一根吸管并装饰鸡尾酒。

N°34

尼格罗尼（Negroni）

苦的诠释

您可能还喜欢	
第2级	白色尼格罗尼（White Negroni）第205页

第205页

起源

在1919年，贵族们常在餐前饮用美式（Americano）鸡尾酒作为开胃酒。相传意大利卡米洛·尼格罗尼伯爵（Camillo Negroni）经常光顾佛罗伦萨的卡索尼咖啡馆（Caffè Casoni），他回到英国之后发现了金酒，于是命调酒师福斯科·思嘉莱利（Fosco Scarelli）改良他惯饮的鸡尾酒，用他带来的一瓶英国烈酒来代替原配料中的起泡水。尼格罗尼鸡尾酒一经问世便大获成功，思嘉莱利为了纪念这位伯爵，决定用他的名字来命名这款鸡尾酒。

配料

30毫升　红味美思酒
30毫升　金巴利利口酒
30毫升　金酒

装饰：一片橙子片
工艺：直调法
载杯：古典杯
冰：冰块

制作

1. ｜ 将古典杯装满冰块。

2. ｜ 将所有配料倒入酒杯中。

3. ｜ 用吧勺搅拌10秒钟。

4. ｜ 装饰鸡尾酒。

小贴士：
在佛罗伦萨萨沃伊酒店的酒吧，人们将2～3片黄瓜直接放入酒杯中来调制尼格罗尼鸡尾酒。这款鸡尾酒版本众多，千变万化，快创造出属于您自己的尼格罗尼吧！

N°35 血腥玛丽

（Bloody Mary）

辛辣早午餐的必然选择

您可能还喜欢	
第1级	红鲷鱼（Red Snapper）第343页

起源

巴黎的丽兹（Ritz）酒店和位于几条街之外的哈利酒吧都自称是血腥玛丽的发源地，这说明血腥玛丽确实是法国血统，在法国鸡尾酒历史上曾留下浓墨重彩的一笔。这是唯一一款用番茄汁调制的鸡尾酒（该鸡尾酒当然也有许多改良版本），在早午餐时饮用极佳。

配料

10毫升	柠檬汁
3酹	伍斯特郡调味酱
1酹	塔巴斯科辣酱
3圈	磨胡椒粉
3撮	西芹盐
100毫升	番茄汁
50毫升	伏特加酒

装饰：一片柠檬，一段芹菜
工艺：直调法
载杯：高球杯
冰：冰块

制作

1. | 将高球杯装满冰块。
2. | 倒入柠檬汁和调味料。
3. | 加入番茄汁和伏特加，用吧勺搅拌。
4. | 检查调味料是否放全。
5. | 在杯中插入一根吸管并装饰鸡尾酒。

小贴士：
完全可以通过改变配料来定制属于自己的血腥玛丽鸡尾酒，比如更换配方中的烈酒（红鲷鱼鸡尾酒中用金酒代替了伏特加）、调味料（胡萝卜、橄榄、刺山柑花蕾）等。

N°36

马颈（Horse's Neck）

长饮白兰地

您可能还喜欢	
第1级	苏西·泰勒（Suzie Taylor） 第353页

第353页

起源

20世纪末，马颈是一款无酒精鸡尾酒，供应时将姜汁苏打水（姜汁汽水）淋在冰块上，辅以长柠檬果皮作装饰。几年后，饮品配方做出重大改变，加入了酒精成分。不过，常常长度超出酒杯杯口的柠檬果皮装饰还继续存在，成为马颈鸡尾酒传统制作方法的标志，这款鸡尾酒也因此而得名。

配料

50毫升　干邑白兰地
100毫升　姜汁汽水

装饰：一长片柠檬果皮
工艺：直调法
载杯：高球杯
冰：冰块

制作

1. | 将高球杯装满冰块。

2. | 将所有配料倒入酒杯中。

3. | 用吧勺搅拌。

4. | 在杯中插入一根吸管并装饰鸡尾酒。

小贴士：
这款鸡尾酒的美式配方使用的是波旁威士忌。在加拿大，人们则采用加拿大黑麦威士忌与姜汁汽水搭配，因此这款酒又名"黑麦&姜汁"。

N°37

古典（Old Fashioned）

并非如此守旧……

您可能还喜欢	
第2级	萨泽拉克（Sazerac） 第225页

起源

这款鸡尾酒的命名和历史渊源是相同的：烈酒与苦酒、糖和水直接在杯中调和；冰块很久之后才与"新流行"的鸡尾酒一起被加入配方中。

我们称之为一款致敬过去的鸡尾酒，它在过去的一个世纪中，获得了巨大的成功，极受消费者追捧。不过这应得益于美剧《广告狂人》的男主角，一位叫做唐·德雷柏（Don Draper）的先生，他使得饮品成为广受喜爱的吉祥物。

配料

1块	方糖	
2酹	安格斯特拉苦精	
5毫升	起泡水	
50毫升	波旁威士忌	

装饰：一片橙皮
工艺：直调法
载杯：古典杯
冰：冰块

制作

1. | 将方糖置于杯底，倒入安格斯特拉苦精。

2. | 向杯中倒入起泡水，然后用捣杵将方糖捣碎，直至完全溶解。

3. | 向杯中加入2块冰块和25毫升波旁威士忌，用吧勺搅拌15秒钟。

4. | 用冰块装满酒杯，加入剩下的波旁威士忌（25毫升）。

5. | 再次搅拌15秒钟。

6. | 装饰鸡尾酒。

小贴士：

在制作这款经典鸡尾酒的时候，仔细把控酒液的稀释程度是一个非常重要的步骤，既不能让酒液过于厚重刺激，也不要使味道平淡无奇。

N°38

经典香槟鸡尾酒
（Classic Champagne Cocktail）

鸡尾酒贵族

您可能还喜欢	
第2级	阿方索（Alfonso） 第289页

起源

经典香槟鸡尾酒可以说是重拾了鸡尾酒的基本原则（烈酒、苦酒、糖和水混合），只不过细节方面，水在这里被替换成了香槟。它所选用的配料都较为高档，因此赋予了其经典鸡尾酒中翘楚的地位。值得注意的是，在杰瑞·托马斯（Jerry Thomas）的《调酒师指南：如何配制饮料》（1862）中，我们可以找到另一种不含白兰地的配方。

配料

1块	方糖
2酹	安格斯特拉苦精
15毫升	干邑白兰地
100毫升	干香槟

装饰：一片橙皮
工艺：直调法
载杯：香槟杯

制作

1. | 用安格斯特拉苦精浸透方糖，然后放入香槟杯底部。

2. | 先倒入干邑白兰地，然后是香槟。

3. | 在酒液表面挤压橙皮，然后将橙皮扔掉。

小贴士：
在使用安格斯特拉苦精时应格外注意：这款酒容易产生很难清洗的污渍。在小盘中浸湿方糖，注意保护衣物不要被滴溅的酒液弄脏。香槟需要冷饮，所以记得在调制鸡尾酒之前将其放入冰箱。

薄荷朱丽普（Mint Julep）

肯塔基州的生动传奇

您可能还喜欢	
第1级	佐治亚州薄荷朱丽普 （Georgia Mint Julep） 第319页

起源

这款美式饮品诞生于20世纪初，因其在著名的肯塔基赛马大会期间供应而闻名遐迩。在许多方面，薄荷朱丽普都让人联想起大名鼎鼎的莫吉托鸡尾酒（第81页）。传统薄荷朱丽普鸡尾酒是装在朱丽普杯中的，这种杯子一般情况下是银制（也可以是镀锡铁皮）的平底大口杯，相比于普通的玻璃容器，可以让鸡尾酒持久冰爽。

配料

1枝	新鲜薄荷
10毫升	单糖糖浆
50毫升	波旁威士忌

装饰：一簇新鲜薄荷
工艺：直调法
载杯：朱丽普杯
冰：碎冰

制作

1. | 去掉薄荷梗，只保留薄荷叶。

2. | 用手拍打薄荷叶，然后将其放入朱丽普杯中。

3. | 向酒杯中倒入糖浆和波旁威士忌。

4. | 将酒杯装满碎冰。

5. | 用吧勺由上至下搅拌。

6. | 在杯中插入两根吸管并装饰鸡尾酒。

小贴士：
最好用手拍打薄荷叶而不是用捣杵捣碎薄荷。因为用手处理薄荷叶足以增强薄荷的香气，研磨则有可能让苦味释放出来。

白色俄罗斯
（White Russian）

像"督爷"一样畅饮吧！

您可能还喜欢	
第2级	意式特浓马提尼 （Espresso Martini） 第223页

起源

毫无疑问，这款鸡尾酒的流行得益于科恩兄弟执导的电影《谋杀绿脚趾》（1998年）中"督爷"一角。男主角"督爷"在整部电影中一直在畅饮双倍剂量的白色俄罗斯鸡尾酒。这款鸡尾酒诞生于20世纪50年代，是黑色俄罗斯鸡尾酒（第141页）的近亲，奶油的加入使整个饮品变得乳白香醇，丝滑轻柔，美味可口。

配料

50毫升　伏特加酒
30毫升　咖啡利口酒
30毫升　液体奶油

工艺：直调法
载杯：古典杯
冰：冰块

制作

1.｜ 根据指定顺序将所有配料倒入装满冰块的古典杯中。

2.｜ 用吧勺进行搅拌。

小贴士：
尽管有些配方允许呈现饮品时奶油浮在表面，但在品尝之前一定要完全混合三种配料，才能获得平衡完美的口感。

N°41

基尔（Kir）

典型法国味

您可能还喜欢	
第2级	**俄罗斯春天宾治** （Russian spring punch） *第211页*

起源

基尔鸡尾酒的名字来源于前第戎议员兼市长、议事司铎——费利克斯·基尔（Félix Kir）（1878—1968年），在其所主持的所有仪式或典礼中，他都偏爱这款鸡尾酒。毫无疑问，它是在法国饮用最多的鸡尾酒之一，有时候它的爱好者都不知道自己品尝的就是这一款酒精饮品。不过，不可否认的是，这款鸡尾酒有些与众不同，配料中只有两种酒（葡萄酒和黑加仑利口酒），不含冰也不涉及混合工艺。

配料

15毫升　黑加仑利口酒
100毫升　勃艮第阿里高特白葡萄酒

工艺：直调法
载杯：红葡萄酒杯

制作

1. ｜ 将黑加仑利口酒倒入红葡萄酒杯中。

2. ｜ 加入白葡萄酒。

小贴士：
基尔鸡尾酒有很多不同配方，如使用香槟的皇家基尔鸡尾酒、使用红葡萄酒的主教基尔鸡尾酒和使用苹果酒的诺曼底基尔鸡尾酒。当然，您也可以根据不同的口味使用其他水果利口酒。

黑色风暴

（Dark & Stormy）

百慕大群岛暴风雨预警

您可能还喜欢	
第1级	法式女仆装（French Maid） 第318页

起源

作为骡子（mule）家族的一部分，黑色风暴鸡尾酒是百慕大官方鸡尾酒的一员。国有品牌高斯林朗姆酒使这款鸡尾酒成为尖端品牌，因为它使用的是高斯林黑海豹朗姆酒。不过这款具有热带风情的鸡尾酒也可以用任何一种琥珀朗姆酒进行调制，非常适合在炎炎夏日饮用。

配料

50毫升	琥珀朗姆酒
100毫升	姜汁啤酒

装饰：一块青柠檬
工艺：直调法
载杯：高球杯
冰：冰块

制作

1. | 将高球杯装满冰块。

2. | 将所有配料倒入酒杯中。

3. | 用吧勺由上至下搅拌。

4. | 在杯中插入一根吸管并装饰鸡尾酒。

小贴士：
您可以加入两酹安格斯特拉苦精，它可以为鸡尾酒带来较长的余味。

威士忌酸酒

（Whisky Sour）

最著名的酸味调酒

您可能还喜欢	
第2级	皮斯科酸酒（Pisco Sour） 第191页

起源

这款鸡尾酒大概是最出名的酸味调酒了。它最早出现在1870年威斯康星州的一份报纸上。从那以后，威士忌酸酒就变成了流行文化的宠儿（出现在电影、文学、音乐中……）鉴于这款配方起源于大西洋彼岸，我们首先选用的就是美国黑麦威士忌或波旁威士忌。在某些情况下，这款鸡尾酒也叫做"波士顿酸酒"。

配料

50毫升　波旁威士忌
25毫升　柠檬汁
25毫升　单糖糖浆
15毫升　蛋清
　3醑　安格斯特拉苦精

装饰：1/2片柠檬
工艺：摇酒壶
载杯：鸡尾酒杯
冰：冰块

制作

1. | 取几块冰块在鸡尾酒杯中旋转，以冷却酒杯。

2. | 将所有配料倒入摇酒壶中。

3. | 不加冰块摇和10秒钟。

4. | 向摇酒壶中加入8～10块冰块并再次摇和15秒钟。

5. | 从鸡尾酒杯中取出用于冷却的冰块。

6. | 在酒杯中倒入过滤的酒液并装饰酒杯。

小贴士：

与许多其他的酸味调酒一样，这款鸡尾酒可以淋在冰块上呈现，加或者不加蛋清均可。不过，蛋清可以带来丝滑的口感，让各个配料之间产生微妙的反应和联系。

石围栏（Stone Fence）

献给苹果酒爱好者

您可能还喜欢	
第2级	泽西（Jersey）第327页

起源

这款鸡尾酒历史久远，可以追溯到19世纪初，完美诠释了苹果酒也可以成为鸡尾酒配料的事实。石围栏鸡尾酒没有公开的创造者，但是却直接映射出彼时美国酒馆调制混合饮品的情形。鸡尾酒中波旁威士忌浓郁的香草气息与果酒的苹果风味完美结合，令人回味无穷。还有另一个版本的石围栏是以朗姆酒作为基酒的。快来试试吧！

配料

50毫升　波旁威士忌
100毫升　干苹果酒

工艺：直调法
载杯：高球杯
冰：冰块

制作

1. | 将所有配料倒入装满冰块的高球杯中。

2. | 用吧勺搅拌。

3. | 插入一根吸管。

小贴士：
可以加入25毫升柠檬汁和25毫升的单糖糖浆以丰富鸡尾酒的层次感。

史丁格（Stinger）

醇厚与清爽的结合体

您可能还喜欢	
第2级	**B&B** 第217页

起源

史丁格鸡尾酒通常作为餐后酒饮用，帮助消化。干邑白兰地和薄荷利口酒的结合使其新鲜细腻，清凉爽口。这款酒大致出现在1910年前后，没有确切可考的起源，但却享誉众多电影和文学作品。它通常指代"睡帽"（night cap），或者说睡觉前的最后一杯酒。它有时也被看作是另类的鸡尾酒，因为薄荷利口酒作为基酒，可与任何一款烈酒相互搭配。

配料

50毫升　干邑白兰地
20毫升　白薄荷利口酒

工艺： 调酒杯
载杯： 鸡尾酒杯
冰： 冰块

制作

1. | 取几块冰块在鸡尾酒杯中旋转，以冷却酒杯。

2. | 将所有配料倒入装满冰块的调酒杯中。

3. | 用吧勺搅拌20秒钟。

4. | 从鸡尾酒杯中取出用于冷却的冰块。

5. | 向酒杯中倒入过滤的鸡尾酒液。

小贴士：
有些调酒师直接在酒杯中调制史丁格鸡尾酒并在酒中加入碎冰。

N°46

桑葚鸡尾酒（Bramble）

新鲜桑葚的美味享受

您可能还喜欢	
第2级	蜂之膝（Bee's Knees） 第209页

起源

这款新派经典鸡尾酒诞生于20世纪80年代中期，由伦敦著名的调酒师迪克·布莱德赛尔（Dick Bradsell）在伦敦苏活区的弗雷德俱乐部中研制出来。桑葚鸡尾酒调制过程简单易行，桑葚带来新鲜纯美的果味享受，这些无疑都是其大获成功的法宝。与此同时，一家以鸡尾酒品质上乘而闻名的爱丁堡酒吧也采用这个名字作为酒吧的名称。

配料

50毫升　金酒
25毫升　柠檬汁
15毫升　单糖糖浆
10毫升　桑葚利口酒

装饰：一片柠檬，一颗桑葚
工艺：摇酒壶
载杯：古典杯
冰：冰块和碎冰

制作

1.｜ 将桑葚利口酒除外的其他所有配料倒入摇酒壶中。

2.｜ 向摇酒壶中加入8～10块冰块并摇和10秒钟。

3.｜ 将过滤的鸡尾酒液倒入装满碎冰的古典杯中。

4.｜ 在杯中插入两根吸管并装饰鸡尾酒。

5.｜ 将桑葚利口酒倒在鸡尾酒表面。

小贴士：

在这个配方中有必要注意到，应在最后一刻倒入桑葚利口酒，这样可以在酒杯中创造出美妙的视觉效果。

恶魔（El Diablo）

龙舌兰提基

您可能还喜欢	
第2级	墨西哥55号（Mexican 55） 第331页

起源

这款鸡尾酒由维客多·朱·伯格朗（Victor Jules Bergeron）于20世纪40年代中期研制出来，其更为人所熟知的名字是"垂德维客"。伯格朗先生在很大程度上可以说是加利福尼亚提基文化发展的鼻祖，在他的推动下，一款不同于常规鸡尾酒的、以龙舌兰酒为烈酒基酒的提基新品问世了。最开始，为了强调龙舌兰酒的存在，这款鸡尾酒被冠以"墨西哥恶魔"的名字（注：龙舌兰酒是墨西哥的国酒）。

配料

50毫升	微陈龙舌兰酒
25毫升	青柠汁
15毫升	单糖糖浆
10毫升	黑加仑利口酒
90毫升	姜汁啤酒

装饰：一块青柠檬
工艺：直调法
载杯：高球杯
冰：冰块

制作

1. ｜ 将高球杯装满冰块。

2. ｜ 将除姜汁啤酒之外的其他所有配料倒入酒杯中。

3. ｜ 用吧勺搅拌10秒钟。

4. ｜ 用姜汁啤酒倒满酒杯，再次搅拌。

5. ｜ 在杯中插入一根吸管并装饰鸡尾酒。

小贴士：

通过更换不同种类的利口酒（梨味利口酒或桑葚利口酒）就可以轻易改变恶魔鸡尾酒的风味。这款鸡尾酒操作简单，适合各种味蕾，能够品尝到玛格丽塔鸡尾酒之外的龙舌兰风味。

N°48

罗伯·罗伊（Rob Roy）

苏格兰信条

您可能还喜欢	
第2级	鲍比·伯恩斯（Bobby Burns） 第227页

起源

大多数情况下，罗伯罗伊被看作曼哈顿鸡尾酒（第143页）的英式版本：它用苏格兰威士忌替代了波旁威士忌或黑麦威士忌。这款鸡尾酒于1984年在曼哈顿华尔道夫酒店的酒吧问世，向一部英国轻歌剧致敬。该歌剧取材于一位被人遗忘的苏格兰英雄，罗布·罗伊·麦格雷戈（Robert Roy MacGregor）的故事。和曼哈顿鸡尾酒一样，根据威士忌和味美思比例的不同，罗伯罗伊鸡尾酒可以产生或刺激或轻柔等不同口感。

配料

50毫升	苏格兰威士忌
25毫升	红味美思酒
2醇	安格斯特拉苦精

装饰：一颗糖渍樱桃
工艺：调酒杯
载杯：鸡尾酒杯
冰：冰块

制作

1. | 取几块冰块在鸡尾酒杯中旋转，以冷却酒杯。

2. | 将所有配料倒入装满冰块的调酒杯中。

3. | 用吧勺搅拌20秒钟。

4. | 从鸡尾酒杯中取出用于冷却的冰块。

5. | 在酒杯中倒入过滤的酒液并装饰酒杯。

小贴士：
如果手头上没有糖渍樱桃，可以用橙皮来代替：将橙皮在鸡尾酒表面挤压即可。

圣母玛利亚
（Virgin Mary）

香浓番茄汁

起源

这款鸡尾酒是著名鸡尾酒血腥玛丽（第149页）的无酒精版本。除了血腥玛丽含有伏特加之外，二者差别不大。如果想让混酒更加刺激带劲，完全可以根据口味改变香料的剂量。圣母玛利亚和其"密友"血腥玛丽一样，非常适宜在早午餐时间享用。

配料

100毫升	番茄汁
10毫升	柠檬汁
3醇	伍斯特郡调味酱
1醇	塔巴斯科辣酱
3圈	磨胡椒粉
3撮	西芹盐

装饰：一片柠檬，一段芹菜
工艺：直调法
载杯：高球杯
冰：冰块

制作

1. | 将所有配料倒入装满冰块的高球杯中。

2. | 用吧勺搅拌。

3. | 确认调味料是否放全。

4. | 在杯中插入一根吸管并装饰鸡尾酒。

小贴士：
伍斯特郡调味酱是一种源自英国的调味料，味道酸甜。它是由鳀鱼、醋、蒜和香料调制而成的，可以使鸡尾酒增色不少。

阿玛雷托酸酒

（Amaretto Sour）

苦杏仁餐后酒

您可能还喜欢	
第3级	阿拉巴马监狱 （Alabama Slammer） 第289页

起源

在不能不提的意大利餐后酒中，杏仁酸酒极具辨识度，它既含有杏仁的馨香，也不乏淡雅的苦涩。这款曾经的"小苦酒"（Petit amer）一转眼就在这里变成了轻柔香甜的鸡尾酒。杏仁酸酒大约于20世纪50年代在意大利问世，十几年后出现在了美国酒吧的酒单上，被更加广泛地饮用。柠檬片的酸味、利口酒的甜味以及蛋清绵柔的乳化泡沫为这款鸡尾酒带来了极致的感官享受。

配料

50毫升　阿玛雷托酒
25毫升　柠檬汁
15毫升　蛋清
　3醑　安格斯特拉苦精

装饰：一片橙子
工艺：摇酒壶
载杯：鸡尾酒杯
冰：冰块

制作

1. | 取几块冰块在鸡尾酒杯中旋转，以冷却酒杯。

2. | 将所有配料倒入摇酒壶中。

3. | 不加入冰块摇和10秒钟。

4. | 向摇酒壶加入8～10块冰块，再次摇和15秒钟。

5. | 将鸡尾酒杯中的冰块取出。

6. | 向酒杯中倒入过滤的酒液并装饰鸡尾酒杯。

小贴士：

想要让以蛋清为基底的鸡尾酒获得漂亮的泡沫，（无冰）干摇步骤必不可少。在十几秒钟时间内，不断摇和从而开启酒液的乳化起泡过程。

第2级的30种调制配方

至此，经过实践操作，可以准备几款拿手完美的鸡尾酒了。已经或多或少地了解了自己的口味选择，并且开始对某种配料或某种类型的鸡尾酒产生兴趣。

下面是一系列相对于第1级来说制作方法更为复杂的鸡尾酒配方，需要更多的配料和更娴熟的调制技巧。当然，这些配方也可以更好地"驯服"刚刚上手的调酒工具（摇酒壶、吧勺、调酒杯、量酒器……）

读者将会在本章发现更多口味鲜明的短饮，它们能够让您更好地平衡鸡尾酒的味蕾。

N°51

玛格丽塔（Margarita）

龙舌兰鸡尾酒

您可能还喜欢	
第1级	龙舌兰宾治酒（Agave Punch） 第288页

起源

这款鸡尾酒无疑是最为著名的龙舌兰鸡尾酒，几乎可以列入墨西哥鸡尾酒国酒的名单，众多酒吧都竞相争夺其创作权。然而，它确切的起源却难以考究。不过有一点可以轻易确认的是，"玛格丽塔"是西班牙名字"黛丝"（Daisy）的译名。"黛丝"是一类鸡尾酒的统称，由烈酒、利口酒和柠檬汁制作而成。玛格丽塔鸡尾酒还有一个更为轻柔甘甜的版本，含有龙舌兰糖浆，称作"汤米家的玛格丽塔"（第113页）。

配料

40毫升　龙舌兰酒
20毫升　干橙皮利口酒
20毫升　青柠汁

装饰：用盐之花制作盐霜，一小块青柠檬
工艺：摇酒壶
载杯：鸡尾酒杯
冰：冰块

制作

1. ｜ 将鸡尾酒杯的一半用盐之花裹上盐霜。

2. ｜ 取几块冰块在鸡尾酒杯中旋转以冷却酒杯。

3. ｜ 将所有配料倒入摇酒壶中。

4. ｜ 向摇酒壶加入8～10块冰块并摇和15秒钟。

5. ｜ 从鸡尾酒杯中取出用于冷却的冰块。

6. ｜ 在杯中倒入双重过滤的酒液并装饰酒杯。

小贴士：

想要得到更加清爽的鸡尾酒，可以制作冰镇版玛格丽塔：将相同的配料与碎冰一起加入搅拌机中，搅拌过后即可得到与水果冰沙类似的滑腻口感。

雪莉考比勒

（Sherry Cobbler）

雪莉鸡尾酒

您可能还喜欢	
第1级	考比勒香槟 （Champagne Cobbler） 第305页

起源

这款鸡尾酒很好地诠释了英国人对于雪莉酒出了名的狂热。雪莉酒（xérès，雪莉酒的法式名称）是一款来自西班牙的葡萄酒，在莎士比亚的作品中被称作"sherry"（雪莉酒的英式名称）。再来说"考比勒"酒，它是一类很古老的鸡尾酒，通常混合酒精饮品（通常是葡萄酒）、糖和水果（一般情况下是柑橘类水果）。雪莉酒与考比勒酒都是鸡尾酒界的元老：二者的结合可谓是经典中的经典！

配料

80毫升　阿芒提拉多雪莉酒
10毫升　单糖糖浆

装饰：1/2片橙子，1/2片柠檬，一簇薄荷
工艺：直调法
载杯：红葡萄酒杯
冰：碎冰

制作

1. ｜ 将所有配料倒入装满碎冰的红葡萄酒杯中。

2. ｜ 用吧勺搅拌。

3. ｜ 在杯中插入两根吸管并装饰鸡尾酒。

小贴士：
雪莉酒是一种高浓度的酒精发酵葡萄酒（酒精含量15.5～18度）。这一类烈酒有多个品种，如阿蒙提拉多，一款较为古老的雪莉酒，有浓郁的坚果气息，其风味与汝拉黄葡萄酒近似。

N°53

维斯帕（Vesper）

詹姆斯·邦德的名片

您可能还喜欢	
第3级	晚礼服（Tuxedo） 第253页

起源

在007系列电影《大战皇家赌场》（马丁·坎贝尔执导，2006）中，习惯于饮用干马提尼（第107页）的詹姆斯·邦德这次改变了口味，口述配方，向调酒师要了一杯即兴自创的鸡尾酒，这么做是为了干扰同在扑克桌上的对手。这个计策大有成效，赌桌上的大部分人都因此而点了同款饮品。当问及这款酒的名称时，詹姆斯·邦德说：它叫"维斯帕"，取自于一个与邦德坠入爱河的邦德女郎的名字，因为这款酒和这位邦德女郎一样，"一旦你品尝过它，就不会再对其他任何酒感兴趣了"。

配料

30毫升　金酒
10毫升　伏特加酒
　5毫升　利莱白开胃酒

装饰：一片柠檬果皮
工艺：摇酒壶
载杯：鸡尾酒杯
冰：冰块

制作

1. | 取几块冰块在鸡尾酒杯中旋转，以冷却酒杯。

2. | 将所有配料倒入摇酒壶中。

3. | 向摇酒壶加入8～10块冰块并摇和15秒钟。

4. | 从鸡尾酒杯中取出用于冷却的冰块。

5. | 向酒杯中倒入双重过滤的酒液并装饰鸡尾酒杯。

小贴士：

维斯帕是最具詹姆斯·邦德风格的马提尼酒。相比于经典的短饮，这款酒有意降低配料的配比，可以说十分地辛辣刺激。建议最好还是按照以上比例进行调制，这样才能使稀释程度恰到好处。

金菲兹（Gin Fizz）

好配料，造就好菲兹

您可能还喜欢	
第3级	拉莫斯金菲兹（Ramos Gin Fizz） 第247页

起源

毋庸置疑，这款鸡尾酒在菲兹酒家族中最为出名。它是汤姆柯林（第103页）的衍生版，只不过菲兹需要摇和，并且有时候会加入蛋清以加强乳化效果。金菲兹在20世纪初广泛传播，尤其是在美国的新奥尔良大受欢迎，后来甚至成为当地的特色饮品之一。

配料

50毫升	金酒
25毫升	柠檬汁
25毫升	单糖糖浆
15毫升	蛋清
50毫升	起泡水

装饰：1/2片柠檬
工艺：摇酒壶
载杯：高球杯
冰：冰块

制作

1. | 将除起泡水之外的其他所有配料倒入摇酒壶中。

2. | 不加冰摇和10秒钟。

3. | 向摇酒壶加入8~10块冰块并再次摇和15秒钟。

4. | 将过滤的酒液倒入高球杯中（不带冰）。

5. | 加满起泡水，插入一根吸管并装饰鸡尾酒。

小贴士：

这款鸡尾酒应当去冰饮用，因此需要把握好酒杯容量。在加满起泡水之前，注意要保持水的清凉。

皮斯科酸酒

（Pisco Sour）

秘鲁酸味调酒

您可能还喜欢	
第3级	芝加哥菲兹（Chicago Fizz） 第263页

起源

尽管智利和秘鲁对皮斯科酸酒的起源争论不休，它诞生于1920年的利马是毋庸置疑的事实。1916年，美国调酒师维克多·冯·莫里斯（Victor Vaughn Morris）在秘鲁首都的市中心开设了一家酒吧；正是在那里，一位调酒师精心研制出了这款酒的配方。这款酸味调酒就地取材，用料适量，采用了当地特有的皮斯科酒和青柠檬，后来又规定必须加入蛋清，以在酒杯表面制造出丰厚细滑的泡沫。在蛋清之上，还要滴几滴苦酒作为装饰。

配料

50毫升　皮斯科酒
25毫升　青柠汁
25毫升　单糖糖浆
15毫升　蛋清

装饰：3酹安格斯特拉苦精
工艺：摇酒壶
载杯：鸡尾酒杯
冰：冰块

制作

1. | 取几块冰块在鸡尾酒杯中旋转，以冷却酒杯。

2. | 将所有配料倒入摇酒壶中。

3. | 不加冰摇和10秒钟。

4. | 向摇酒壶加入8～10块冰块，再次摇和15秒钟。

5. | 从鸡尾酒杯中取出用于冷却的冰块。

6. | 在酒杯中加入过滤的酒液并装饰鸡尾酒杯。

小贴士：

这款鸡尾酒能很好地展现出皮斯科酒的风采。皮斯科是用南美葡萄品种酿制的一种白兰地，其酒香与青柠搭配完美，余味无穷。

法兰西75（French 75）

大炮鸡尾酒

您可能还喜欢	
第2级	墨西哥55号（Mexican 55） 第331页

起源

法兰西75是一款经典的香槟鸡尾酒。同时，它也是柯林类衍生酒，用香槟代替了柯林配方中的起泡水。哈利·麦克艾隆（Harry MacElhone）于1922年在位于巴黎"哈利的纽约酒吧"研制出这一配方，其灵感来源于法国75毫米口径的大炮，因为这款酒效果与这种大炮一样，都极具威力。最开始，法兰西75像柯林一样呈现在高球杯中，但是后来它的载杯慢慢改变为香槟杯。

配料

30毫升	金酒
15毫升	柠檬汁
15毫升	单糖糖浆
70毫升	干香槟

装饰：一片柠檬果皮，一颗糖渍樱桃
工艺：摇酒壶
载杯：香槟杯
冰：冰块

制作

1. | 将金酒、柠檬汁和糖浆倒入摇酒壶中。

2. | 向摇酒壶加入8～10块冰块，摇和5秒钟。

3. | 在香槟杯中倒入双重过滤的酒液，然后倒满香槟。

4. | 装饰酒杯。

小贴士：
与所有香槟鸡尾酒一样，当您使用香槟时请确保其冰镇清凉。

猴腺（Monkey Gland）

返老还童疗法

您可能还喜欢	
第2级	**布朗克斯**（Bronx） 第233页

起源

如果说鸡尾酒有时候会起一些怪异的名字，那么猴腺就是最好的例证。听到这个名字时，如果您的脑海中立刻浮现出一些和几乎所有人同样的想法，哦不，您可千万不要以为自己是心理变态。在20世纪20年代，哈利·麦克艾隆（Harry MacElhone）为了致敬一位名叫塞尔日·沃罗诺夫（Serge Voronoff）的外科医生，在巴黎"哈利的纽约酒吧"研制出这款鸡尾酒。在那个时期，沃罗诺夫医生尤以其科学研究而广为人知，他将类人猿的睾丸组织切片植入人体，以达到返老还童的效果。千真万确！从那时起，人们就认为猴腺与著名的"蓝色药丸"具有相同的功效……

配料

40毫升	金酒
40毫升	橙汁
5毫升	石榴糖浆
2.5毫升	苦艾酒

装饰：一片橙皮
工艺：摇酒壶
载杯：鸡尾酒杯
冰：冰块

制作

1. | 取几块冰块在鸡尾酒杯中旋转，以冷却酒杯。

2. | 将所有配料倒入摇酒壶中。

3. | 向摇酒壶加入8～10块冰块，摇和15秒钟。

4. | 从鸡尾酒杯中取出用于冷却的冰块。

5. | 向酒杯中倒入双重过滤的酒液并装饰鸡尾酒杯。

小贴士：
一吧勺的容量相当于5毫升。向摇酒壶中倒入半勺苦艾酒，即2.5毫升。

N°58

白领丽人（White Lady）

到"哈利的纽约酒吧"来一杯

您可能还喜欢	
第2级	三叶草俱乐部（Clover Club） 第201页

起源

这款鸡尾酒是调酒师哈利·麦克艾隆（Harry MacElhone）的招牌之一。自从1923年他成为巴黎"哈利的纽约酒吧"的吧主以后，这家酒吧就载满辉煌。同年，他改良了"白领丽人"鸡尾酒的配方。这款于早些年间诞生的鸡尾酒并不令他满意。哈利·麦克艾隆用金酒代替了薄荷利口酒并更改了配方中各种配料的剂量——尤其是干橙皮利口酒和柠檬汁的配比，使得这款鸡尾酒从此被载入史册。

配料

40毫升	金酒
15毫升	干橙皮利口酒
25毫升	柠檬汁
10毫升	单糖糖浆
15毫升	蛋清

工艺：摇酒壶
载杯：鸡尾酒杯
冰：冰块

制作

1. | 取几块冰块在鸡尾酒杯中旋转，以冷却酒杯。

2. | 将所有配料倒入摇酒壶中。

3. | 不加冰摇和10秒钟。

4. | 向摇酒壶加入8~10块冰块，再次摇和15秒钟。

5. | 从鸡尾酒杯中取出用于冷却的冰块。

6. | 向酒杯中倒入过滤的酒液。

小贴士：

干橙皮利口酒是一款苦橙味利口酒，它是许多经典鸡尾酒的重要成分。

罗勒碎金酒

（Gin Basil Smash）

新经典

您可能还喜欢	
第2级	波兰公司 （Polish Kumpanion） 第339页

起源

这是一个当代的鸡尾酒配方，始创于2008年，是德国调酒师乔治·迈耶（Joerg Meyer）的杰作。这款鸡尾酒操作简便，以罗勒为主调，以白色烈酒为基酒。罗勒风味独特，以此来代替常与柠檬进行搭配的薄荷。这一款别出心裁的鸡尾酒很快便加入了经典鸡尾酒的行列，在全世界范围内被享用。

配料

50毫升　金酒
25毫升　柠檬汁
25毫升　单糖糖浆
　4片　新鲜罗勒叶

装饰：1簇罗勒
工艺：摇酒壶
载杯：古典杯
冰：冰块

制作

1. ｜ 将所有配料倒入摇酒壶中。

2. ｜ 向摇酒壶加入8～10块冰块并摇和10秒钟。

3. ｜ 在装满冰块的古典杯中倒入双重过滤的酒液。

4. ｜ 在杯中插入一根吸管并装饰鸡尾酒。

小贴士：
罗勒入口口感极差，所以在双重过滤时请多加小心，不要让罗勒碎块流入酒杯中。

三叶草俱乐部
（Clover Club）

绅士专饮

您可能还喜欢	
第3级	贝蒂尼斯 （ Pendennis Cocktail ） 第261页

起源

三叶草俱乐部鸡尾酒的名字来源于一个绅士俱乐部。这个绅士俱乐部于19世纪末在美国费城落户，是城市里的领导阶层和知识分子经常光顾的地方。该鸡尾酒配方最早的历史可以追溯到1917年汤姆·布洛克（Tom Bullock）的《理想调酒师》一书，在书中他记载了准确的配方内容。从那以后，这款鸡尾酒便加入了经典鸡尾酒的行列。纽约著名鸡尾酒达人、女调酒师朱莉·莱纳（Julie Reiner）还用这款鸡尾酒命名了她在布鲁克林的酒吧。

配料

40毫升　金酒
15毫升　干味美思酒
25毫升　柠檬汁
15毫升　蛋清
15毫升　覆盆子糖浆

装饰：3颗覆盆子
工艺：摇酒壶
载杯：鸡尾酒杯
冰：冰块

制作

1. ｜ 取几块冰块在鸡尾酒杯中旋转，以冷却酒杯。

2. ｜ 将所有配料倒入摇酒壶中。

3. ｜ 不加冰摇和10秒钟。

4. ｜ 向摇酒壶加入8～10块冰块，重新摇和15秒钟。

5. ｜ 从鸡尾酒杯中取出用于冷却的冰块。

6. ｜ 在杯中倒入过滤的酒液并装饰鸡尾酒杯。

小贴士：
请选择在夏日饮用这款鸡尾酒，因为夏天最易找到美味可口的新鲜覆盆子。

N°61

飞行（Aviation）

高空飞行的鸡尾酒

您可能还喜欢	
第1级	*20世纪* （Twentieth-Century） 第358页

起源

纽约沃利克酒店的调酒师雨果·恩斯林（Hugo Ensslin）于1916年创作了一部鸡尾酒配方合集，飞行鸡尾酒在这本书中第一次出现。飞行鸡尾酒的名字源于其微微泛蓝的成色，让人们联想到天空的颜色。在1930年出版的《萨沃伊鸡尾酒手册》中，作者哈里·克拉多克（Harry Craddock）提出了一个改良配方，去掉了配料中的紫罗兰利口酒（当时很难找到），却也因此失去了飞行鸡尾酒极具特点的淡蓝色调。

配料

50毫升	金酒
25毫升	柠檬汁
5毫升	马拉斯加酸樱桃酒
5毫升	紫罗兰利口酒

装饰：一颗糖渍樱桃
工艺：摇酒壶
载杯：鸡尾酒杯
冰：冰块

制作

1. | 取几块冰块在鸡尾酒杯中旋转，以冷却酒杯。

2. | 将所有配料倒入摇酒壶中。

3. | 向摇酒壶加入8～10块冰块，摇和15秒钟。

4. | 从鸡尾酒杯中取出用于冷却的冰块。

5. | 在杯中倒入双重过滤的酒液并装饰鸡尾酒杯。

小贴士：
如果您手头上没有紫罗兰利口酒，您可以将马拉斯加酸樱桃酒的剂量加倍，以达到同等的效果。

白色尼格罗尼

（White Negroni）

法式尼格罗尼

您可能还喜欢	
第3级	林荫道（Boulevardier） 第269页

起源

这款鸡尾酒是著名经典鸡尾酒意式尼格罗尼（第147页）的改版。在这个配方中，利莱白开胃酒代替了原来的味美思酒，而苏士酒则代替了苦酒。白色尼格罗尼鸡尾酒是一款现代酒（2001年），其名字来源于混酒的成色——利莱白开胃酒和苏士酒混合呈现出黄白色的色调，再加上金酒自身呈现出的晶莹澄澈的质感。值得注意的是，这款改良版尼格罗尼非常注重法国开胃酒，甚至连配酒都采用的是产自法国的金酒。总而言之，这是一款地道的法式尼格罗尼！

配料

30毫升　利莱白开胃酒
30毫升　苏士酒
30毫升　金酒

装饰：一片柠檬
工艺：直调法
载杯：古典杯
冰：冰块

制作

1. ｜ 将古典杯装满冰块。

2. ｜ 将所有配料倒入酒杯中。

3. ｜ 用吧勺搅拌10秒钟。

4. ｜ 装饰鸡尾酒杯。

小贴士：
您可以通过改用不同种类的味美思酒和苦酒探索出口味各异的尼格罗尼。

海明威代基里

（Hemingway Daiquiri）

欧内斯特·海明威的签名

您可能还喜欢	
第3级	航空邮件（Airmail） 第245页

起源

尽管代基里鸡尾酒（第119页）经常与欧内斯特·海明威联系紧密，但这位酷爱代基里的作家其实在选材上有着自己独特的追求并精心研制了一个属于他自己的鸡尾酒配方。海明威重新调配剂量、挑选配料，采用了西柚汁和马拉斯加酸樱桃酒，给这款古巴鸡尾酒增添了更多的层次和更复杂的余味。

配料

50毫升	古巴白朗姆酒
25毫升	西柚汁
15毫升	青柠汁
5毫升	单糖糖浆
5毫升	马拉斯加酸樱桃酒

装饰：一颗糖渍樱桃
工艺：摇酒壶
载杯：鸡尾酒杯
冰：冰块

制作

1. | 取几块冰块在鸡尾酒杯中旋转，以冷却酒杯。

2. | 将所有配料倒入摇酒壶中。

3. | 向摇酒壶加入8～10块冰块，摇和15秒钟。

4. | 从鸡尾酒杯中取出用于冷却的冰块。

5. | 在杯中倒入双重过滤的酒液并装饰鸡尾酒杯。

小贴士：
有时候海明威代基里也可以冰镇饮用，这就需要将配料与碎冰混合放入搅拌机搅拌。

蜂之膝 (Bee's Knees)

最佳的蜂蜜

您可能还喜欢	
第2级	南方 (South Side) 第213页

起源

在美国禁酒时期（1919—1933年），为了改善劣质蒸馏酒的口感，人们习惯加入柠檬汁和蜂蜜来掩盖杂质。这种混合酒随后大受欢迎，配方开始受到关注，甚至引领了之后制作精良的烈酒鸡尾酒潮流。这款鸡尾酒的名字其实是一个英文文字游戏："蜜蜂的膝盖"即意味着"最佳"。

配料

50毫升　金酒
25毫升　柠檬汁
25毫升　蜂蜜糖浆

装饰：一片柠檬果皮
工艺：摇酒壶
载杯：鸡尾酒杯
冰：冰块

制作

1. | 取几块冰块在鸡尾酒杯中旋转，以冷却酒杯。

2. | 将所有配料倒入摇酒壶中。

3. | 向摇酒壶加入8～10块冰块，摇和15秒钟。

4. | 从鸡尾酒杯中取出用于冷却的冰块。

5. | 在杯中倒入双重过滤的酒液并装饰鸡尾酒杯。

小贴士：
您可以在家自己制作蜂蜜糖浆，与自制单糖糖浆的方法一样：将一定量的蜂蜜和一定量的温水混合（温水可以加快溶解），然后保存在冰箱中即可。

俄罗斯春天宾治
（Russian Spring Punch）

80年代的伦敦

您可能还喜欢	
第1级	**法国春天宾治** （French Spring Punch） 第318页

起源

俄罗斯春天宾治是20世纪80年代伦敦鸡尾酒中极具代表的一款。它果香芬芳，是调酒师迪克·布莱德赛尔（Dick Bradsell）的杰作。这款酒的品名很好地概括了其用料："俄罗斯"代表伏特加，"春天"意味着红色水果，"宾治"则指代包含五种配料的鸡尾酒配方。这款鸡尾酒是一对朋友为寻找聚会中独具一格的鸡尾酒而绞尽脑汁设计出来的。

配料

50毫升　伏特加酒
25毫升　柠檬汁
25毫升　单糖糖浆
10毫升　黑加仑利口酒
50毫升　香槟

装饰：一片柠檬，一颗覆盆子
工艺：摇酒壶
载杯：高球杯
冰：冰块和碎冰

制作

1. | 将除香槟外的所有配料倒入摇酒壶中。

2. | 向摇酒壶加入8～10块冰块并摇和5秒钟。

3. | 在高球杯中装满碎冰，并倒入过滤的酒液。

4. | 向酒杯中倒入香槟，然后用吧勺搅拌。

5. | 在杯中插入两根吸管并装饰酒杯。

小贴士：
如果您没有香槟，可以用干起泡白葡萄酒代替。

南方（South Side）

浪子回头……

您可能还喜欢	
第3级	死而复生二号 （Corpse Reviver #2） 第257页

起源

青柠的清香与薄荷的爽利相得益彰，因此南方鸡尾酒是一款夏日必喝的酷饮。一些人认为这款短饮起源于纽约的21俱乐部或者长岛的南方运动员俱乐部（South Side Sportsman's Club），其他人则认为芝加哥才是其真正的发源地。这款鸡尾酒有一种长饮版，在美国禁酒时期（1919–1933年）于城市南部的市野恶棍间流行，与在城市北部的流浪汉鸡尾酒遥相呼应，南方鸡尾酒由此而得名。

配料

50毫升	金酒
25毫升	青柠汁
25毫升	单糖糖浆
6片	新鲜薄荷叶

装饰：一片新鲜薄荷叶
工艺：摇酒壶
载杯：鸡尾酒杯
冰：冰块

制作

1. | 取几块冰块在鸡尾酒杯中旋转，以冷却酒杯。

2. | 将所有配料倒入摇酒壶中。

3. | 向摇酒壶中加入8～10块冰块并摇和15秒钟。

4. | 从鸡尾酒杯中取出用于冷却的冰块。

5. | 在鸡尾酒杯中倒入双重过滤的酒液并装饰酒杯。

小贴士：
想要制作长饮南方鸡尾酒，将所有配料倒入一个高球杯中，然后加入起泡水直至满杯即可。这款鸡尾酒也因此与以金酒为基酒的莫吉托鸡尾酒（第81页）类似。

边车（Sidecar）

驰骋在白兰地的酒香中

您可能还喜欢	
第3级	白兰地克鲁斯塔 （Brandy Crusta） *第251页*

起源

与许多经典鸡尾酒一样，边车鸡尾酒的起源也很难考究：是伦敦还是巴黎？是丽兹酒店酒吧还是哈利的纽约酒吧？无论如何，位于巴黎的"哈利的纽约酒吧"——哈利·麦克艾隆（Harry MacElhone）的圣地，倒是所有推荐边车鸡尾酒的调酒师们最常提及的。这款酒单上绝不容错过的鸡尾酒，若说与三轮摩托车有关，听起来未免有些靠不住。有些人还是更愿意将其名与19世纪新奥尔良的调酒师使用的术语联系在一起。

配料

40毫升	干邑白兰地
20毫升	干橙皮利口酒
20毫升	柠檬汁

装饰：砂糖糖霜，1/2片柠檬
工艺：摇酒壶
载杯：鸡尾酒杯
冰：冰块

制作

1. | 将鸡尾酒杯的一半用砂糖制成糖霜。
2. | 取几块冰块在鸡尾酒杯中旋转以冷却酒杯。
3. | 将所有配料倒入摇酒壶中。
4. | 向摇酒壶中加入8~10块冰块并摇和15秒钟。
5. | 从鸡尾酒杯中取出用于冷却的冰块。
6. | 在鸡尾酒杯中倒入双重过滤的酒液并装饰酒杯。

小贴士：
这款鸡尾酒口味浓烈，醇厚辛香，对稀释度有很高的要求。恰到好处的稀释度才能使混合香气挥发得淋漓尽致。

N°68

B&B

法式婚礼

您可能还喜欢	
第3级	日本人（Japanese） 第267页

日本人（Japanese）第267页

起源

B&B的意思是白兰地（Brandy）和班尼狄克汀甜烧酒（Béné dictine）等量混合。B&B诞生于1936年纽约的21俱乐部，其特殊之处在于法式班尼狄克汀甜烧酒的使用——一款自1863年后一直在法国费康生产的助消化利口酒，制造方法来源于非常古老的药饮配方。法式班尼狄克汀甜烧酒大获成功，但其配方却一直秘而不宣，人们只知道创造者是亚历山大大帝（Alexandre Le Grand），他用了27种植物和香料，让这款助消化鸡尾酒拥有非凡独特的口感。

配料

40毫升　干邑白兰地
40毫升　班尼狄克汀甜烧酒

工艺：调酒杯
载杯：鸡尾酒杯
冰：冰块

制作

1. | 取几块冰块在鸡尾酒杯中旋转，以冷却酒杯。

2. | 将所有配料倒入装满冰块的调酒杯中。

3. | 用吧勺搅拌20秒钟。

4. | 从鸡尾酒杯中取出用于冷却的冰块。

5. | 在酒杯中倒入过滤的酒液。

小贴士：
如果您没有干邑白兰地，您可以用雅文邑白兰地替代。

N°69

盘尼西林（Penicillin）

冰镇格罗格酒

您可能还喜欢	
第1级	威士忌鲷鱼 （Whisky Snapper） 第361页

起源

这款给人感觉药用功能强大的鸡尾酒由山姆·罗斯（Sam Ross）于2005年在纽约著名酒吧"牛乳和蜂蜜"（Milk & Honey）中研制出来。从那以后它便加入了"现代经典"鸡尾酒的行列，在2000年前后掀起了一股纽约鸡尾酒的复兴风潮。在最初版本中，山姆·罗斯（Sam Ross）制作了蜂蜜姜糖浆，但是我们建议您将姜与蜂蜜糖浆分开加入，先研碎鲜姜然后再加入蜂蜜，这样操作更加简便。

配料

1片	去皮鲜姜
40毫升	苏格兰威士忌
15毫升	蜂蜜糖浆
25毫升	柠檬汁
10毫升	泥炭威士忌（源于英国艾雷岛）

装饰：一片柠檬
工艺：摇酒壶
载杯：古典杯
冰：冰块

制作

1. | 借助捣杵将生姜在摇酒壶壶底研碎。

2. | 将除泥炭威士忌之外的其他所有配料倒入摇酒壶中。

3. | 向摇酒壶加入8～10块冰块并摇和10秒钟。

4. | 在装满冰块的古典杯中倒入双重过滤的酒液。

5. | 在杯中插入一根吸管并装饰鸡尾酒。

6. | 在鸡尾酒表面倒入泥炭威士忌。

小贴士：
浮在表面的泥炭威士忌为鸡尾酒带来了精致的体验；我们可以一边感受酒香，一边品尝酒味。

老古巴人（Old Cuban）

新式莫吉托

您可能还喜欢	
第3级	僵尸（Zombie） 第283页

起源

这款"现代经典"鸡尾酒诞生于2004年的曼哈顿卡莱尔酒店，是奥黛丽·桑德斯（Audrey Saunders）的杰作。从2005年后，纽约著名鸡尾酒老古巴人便在美国的勃固俱乐部（Pegu Club）流行起来。它与莫吉托鸡尾酒（第81页）用料相似，但老古巴人更加时尚活泼，充满现代都市风情，因而开启了香槟短饮的时代。

配料

40毫升	波多黎各琥珀朗姆酒
20毫升	青柠汁
20毫升	单糖糖浆
2醉	安格斯特拉苦精
6片	新鲜薄荷叶
30毫升	香槟

装饰：一簇新鲜薄荷
工艺：摇酒壶
载杯：鸡尾酒杯
冰：冰块

制作

1. | 取几块冰块在鸡尾酒杯中旋转，以冷却酒杯。

2. | 将除香槟外的所有配料倒入摇酒壶中。

3. | 向摇酒壶中加入8~10块冰块并摇和10秒钟。

4. | 在鸡尾酒杯中倒入双重过滤的酒液，然后加入香槟。

5. | 装饰鸡尾酒。

小贴士：
值得注意的是，老古巴人鸡尾酒不是一款真正意义上的香槟鸡尾酒，主调应该是朗姆酒和薄荷。香槟用量很少，不可喧宾夺主，但又应恰到好处地感受到气泡。

意式特浓马提尼

（Espresso Martini）

烘焙伏特加

您可能还喜欢	
第1级	**勇敢的公牛**（Brave Bull） 第301页

起源

1983年，迪克·布莱德赛尔（Dick Bradsell）在伦敦的苏活咖啡餐馆（Soho Brasserie）创造出意式特浓马提尼。随后，这款鸡尾酒便成了20世纪80年代问世的马提尼系列鸡尾酒的代表之一。迪克·布莱德赛尔（Dick Bradsell）解释说，之所以研制出这款特别的鸡尾酒，是因为咖啡机和他在柜台后面的工作区离得很近，调酒时咖啡香气四溢，因此他不由得想要尝试一款加入意式特浓咖啡的马提尼。

配料

40毫升	伏特加酒
15毫升	咖啡利口酒
15毫升	单糖糖浆
1份	意式浓缩咖啡

装饰：3粒咖啡豆
工艺：摇酒壶
载杯：鸡尾酒杯
冰：冰块

制作

1. | 取几块冰块在鸡尾酒杯中旋转，以冷却酒杯。

2. | 将所有配料倒入摇酒壶中。

3. | 向摇酒壶中加入8～10块冰块并摇和15秒钟。

4. | 从鸡尾酒杯中取出用于冷却的冰块。

5. | 在鸡尾酒杯中倒入双重过滤的酒液并装饰酒杯。

小贴士：

当心！在晃动摇酒壶的时候，热咖啡会和冰块剧烈反应，引起温度骤变，因而摇酒壶内气压会有轻微上升。打开摇酒壶时一定要多加小心！

萨泽拉克（Sazerac）

古典酒的近亲

您可能还喜欢	
第2级	老广场（Vieux Carré） 第231页

起源

萨泽拉克不仅是美国禁酒时期以前的鸡尾酒先锋，也是历史上新奥尔良的重要标志。起初，萨泽拉克鸡尾酒采用的是一款名叫萨泽拉克·德·福尔热和菲斯（Sazerac de Forge&Fils）的白兰地以及北秀苦精（当时被看作一种药剂），这款非常经典的鸡尾酒配方随着时间而逐渐演变，配料的选择加入了黑麦威士忌和苦艾酒。

配料

15毫升	苦艾酒（用于涮洗酒杯）
50毫升	干邑白兰地（或黑麦威士忌）
10毫升	单糖糖浆
2酹	北秀苦精

装饰：一片柠檬果皮
工艺：调酒杯
载杯：古典杯
冰：冰块

制作

1. | 用苦艾酒和3块冰块在古典杯中旋转、涂抹杯壁。

2. | 将其余全部配料倒入装满冰块的调酒杯中。

3. | 用吧勺搅拌20秒钟。

4. | 从古典杯中取出冰块，倒净苦酒。

5. | 在酒杯中倒入过滤的酒液并装饰鸡尾酒杯。

小贴士：

北秀苦精是由一位名叫安托万·阿美德·北秀（Antoine Amédée Peychaud）的药剂师在美国新奥尔良发明出来的。

鲍比·伯恩斯

（Bobby Burns）

配得起一首苏格兰好诗

您可能还喜欢	
第3级	热托蒂（Hot Toddy） 第273页

起源

这款鸡尾酒的名字来源于一位18世纪的苏格兰诗人：鲍比·伯恩斯。我们可以认为鲍比伯恩斯鸡尾酒是罗伯罗伊鸡尾酒（第175页）的变奏版，因为后者的名字也源于一位苏格兰人物，而且配方中也添加了班尼狄克汀甜烧酒。哈里·克拉多克（Harry Craddock）于1925年在伦敦的萨沃伊酒店（Savoy Hotel）研制出这款鸡尾酒，随后他就将其写入了他的《萨沃伊鸡尾酒手册》（*The Savoy Cocktail Book*）一书中。

配料

40毫升	苏格兰威士忌
40毫升	红味美思酒
5毫升	班尼狄克汀甜烧酒

装饰：一片柠檬果皮
工艺：调酒杯
载杯：鸡尾酒杯
冰：冰块

制作

1. | 取几块冰块在鸡尾酒杯中旋转，以冷却酒杯。

2. | 将所有配料倒入装满冰块的调酒杯中。

3. | 用吧勺搅拌20秒钟。

4. | 从鸡尾酒杯中取出用于冷却的冰块。

5. | 在酒杯中倒入过滤的酒液并点缀装饰。

小贴士：

根据不同的配料剂量，这款鸡尾酒还有着许多不同的版本，其中一个用杜林标利口酒（Drambuie，一款以威士忌为基酒的蜂蜜利口酒），替换了以上配方中的班尼狄克汀甜烧酒。快来试试吧！

碧血黄沙
（Blood and Sand）

迈入斗兽场

您可能还喜欢	
第2级	婚礼铃（Wedding Bells） 第361页

起源

在经典鸡尾酒名单中，用苏格兰威士忌调制的十分罕见，而碧血黄沙就是其中一种。这款鸡尾酒果味清香，与些许烟熏味搭配得当、相得益彰，一上来就能牢牢抓住你的味蕾。它是由哈里·克拉多克（Harry Craddock）研制和命名的，献给一部与角斗士有关的同名电影（1922年）。这部电影由弗雷德·尼勃罗（Fred Niblo）执导，由鲁道夫·瓦伦蒂诺（Rudolph Valentino）倾情诠释。碧血黄沙鸡尾酒的配方也被列入了哈里·克拉多克（Harry Craddock）1930年出版的《萨沃伊鸡尾酒手册》（*The Savoy Cocktail Book*）中。

配料

40毫升　苏格兰威士忌
20毫升　红味美思酒
20毫升　橙汁
10毫升　樱桃利口酒

工艺：摇酒壶
载杯：鸡尾酒杯
冰：冰块

制作

1. | 取几块冰块在鸡尾酒杯中旋转，以冷却酒杯。

2. | 将所有配料倒入摇酒壶中。

3. | 向摇酒壶中加入8～10块冰块并摇和15秒钟。

4. | 从鸡尾酒杯中取出用于冷却的冰块。

5. | 在酒杯中倒入双重过滤的酒液。

小贴士：
为了达到更好的效果，一些调酒师用血橙汁来调酒，为鸡尾酒增添了更多"嗜血"的感觉。

老广场（Vieux Carré）

来自新奥尔良的法式遗产

您可能还喜欢	
第3级	绿点（Greenpoint） 第281页

起源

人们将老广场鸡尾酒归功于一位20世纪30年代末在新奥尔良蒙特莱昂酒店（Monteleone Hotel）工作的调酒师沃尔特·伯格朗（Walter Bergeron）。很快，这款鸡尾酒便加入了经典鸡尾酒的行列，尤其因为它含有北秀苦精——新奥尔良的品牌配料，从而与当地的调酒史密不可分。"老广场"没有什么特殊的含义，只是新奥尔良城市中法语区的名字而已，在那里新兴了许多鸡尾酒酒吧。

配料

25毫升	干邑白兰地
25毫升	波旁威士忌
25毫升	红味美思酒
10毫升	班尼狄克汀甜烧酒
2爵	安格斯特拉苦精
2爵	北秀苦精

装饰：一片柠檬果皮
工艺：调酒杯
载杯：古典杯
冰：冰块

制作

1. ┃ 将所有配料倒入装满冰块的调酒杯中。

2. ┃ 用吧勺搅拌20秒钟。

3. ┃ 在装满冰块的古典杯中倒入过滤的酒液并装饰鸡尾酒杯。

小贴士：

老广场鸡尾酒是萨泽拉克鸡尾酒（第225页）的近亲，但口感更加圆润醇厚。苦酒和班尼狄克汀甜烧酒的加入使得这款鸡尾酒的辛香被更好地发挥了出来。

布朗克斯（Bronx）

禁酒令前的纽约

您可能还喜欢	
第1级	撒旦的髯须（Satan's Whiskers） 第347页

起源

正如许多在美国禁酒时期（1919—1933年）之前发明的鸡尾酒，布朗克斯鸡尾酒的身世也饱受争议。这款鸡尾酒加入橙汁的鸡尾酒被看作是完美马提尼鸡尾酒的改版。两位调酒师为了其创作权争论不休：一位是来自纽约华尔道夫酒店的约翰尼·索兰（Johnnie Solan），另一位是布朗克斯饭店的主人，约瑟夫·索马尼（Joseph Sormani）。不管怎样，布朗克斯鸡尾酒一直占据着经典鸡尾酒的地位，其品名更是与纽约五大区之一 ——布朗克斯区相同。

配料

40毫升　金酒
15毫升　干味美思酒
15毫升　红味美思酒
15毫升　橙汁

装饰：一片橙皮
工艺：摇酒壶
载杯：鸡尾酒杯
冰：冰块

制作

1. | 取几块冰块在鸡尾酒杯中旋转，以冷却酒杯。

2. | 将所有配料倒入摇酒壶中。

3. | 向摇酒壶中加入8～10块冰块并摇和15秒钟。

4. | 从鸡尾酒杯中取出用于冷却的冰块。

5. | 在鸡尾酒杯中倒入双重过滤的酒液并点缀装饰。

小贴士：
味美思酒是以红酒为基酒的开胃酒。为了不让其变质，请注意在开酒后冷藏储存。

牢记缅因号

（Remember The Maine）

记录哈瓦那的历史

您可能还喜欢	
第3级	**布鲁克林**（Brooklyn） 第275页

起源

牢记缅因号鸡尾酒色泽艳丽，是曼哈顿鸡尾酒（第143页）的改版，但其口感更为柔和，绝对可谓是美国历史的回忆启动器。这款鸡尾酒与一艘名叫"缅因号"（Uss Maine）的美国军舰有关。时值美国和西班牙战争，该军舰于1898年2月15日在古巴哈瓦那的港口被摧毁。人们因此在美国国会大楼前提出"牢记缅因号"的口号，强烈要求对西班牙反击开战。几年后，系列鸡尾酒丛书的作者小查尔斯·贝克（Charles H. Baker Jr.）重新使用这句口号作为鸡尾酒品名，以纪念这款古巴革命时期鸡尾酒饮品的独特风味。

配料

50毫升	波旁威士忌
25毫升	红味美思酒
10毫升	樱桃利口酒
6滴	苦艾酒

装饰：一颗糖渍樱桃
工艺：调酒杯
载杯：鸡尾酒杯
冰：冰块

制作

1. | 取几块冰块在鸡尾酒杯中旋转，以冷却酒杯。

2. | 将所有配料倒入装满冰块的调酒杯中。

3. | 用吧勺搅拌20秒钟。

4. | 从鸡尾酒杯中取出用于冷却的冰块。

5. | 在酒杯中倒入过滤的酒液并点缀装饰。

小贴士：

这款鸡尾酒的配方源于曼哈顿，苦艾酒携带的植物清香丰富了它的层次，樱桃利口酒则赋予其艳丽美味的特点。

爱尔兰咖啡

（Irish Coffee）

爱尔兰风味咖啡

您可能还喜欢	
第3级	墨西哥咖啡（Mexican Coffee）第331页

起源

爱尔兰咖啡大概是热鸡尾酒中最为著名的一种了。它在20世纪30年代第一次登上鸡尾酒舞台，当时由爱尔兰福因斯的机场供应给寒冷难耐的旅客。这些旅客大都是要飞越大西洋，在此中转的人，因此它采用的是健力士啤酒杯以及爱尔兰本土威士忌。这款鸡尾酒是提神醒脑的佳品，适宜在冬日饮用。

配料

50毫升　爱尔兰威士忌
15毫升　单糖糖浆
80毫升　淡式咖啡
80毫升　液体奶油

工艺：直调+摇酒壶
载杯：小红葡萄酒杯

制作

1. | 向红葡萄酒杯中注入热水预热。

2. | 在不锈钢酒壶中加热威士忌和糖浆。

3. | 在此期间，制作淡式咖啡。

4. | 将红葡萄酒杯中的热水倒出后，先加入威士忌糖浆混合液，再加入咖啡。

5. | 将奶油倒入摇酒壶中，不加冰大力摇和20秒钟。

6. | 将打发的奶油沿着吧勺倒在鸡尾酒表面。

小贴士：

如果您的咖啡机不能加热威士忌和糖浆，您可以用小平底锅文火加热威士忌糖浆混合物。但是不建议使用合成奶油，因为这种液体稀奶油大多情况下是用电动搅拌器搅打的。只需要多花几秒钟来亲自打发奶油，就会获得大不相同的口感！

总统（El Presidente）

多数票当选者

您可能还喜欢	
第2级	花商（Floridita） 第317页

起源

总统是一款经典鸡尾酒，于美国禁酒时期（1919—1933年）在哈瓦那的酒吧间流行。它重拾了曼哈顿鸡尾酒（第143页）或干马提尼鸡尾酒（第107页）的基酒原则——采用本土烈酒，因此可与那时期大多数以朗姆酒为基酒的鸡尾酒（如代基里、莫吉托……）区分开来。这款酒的品名之所以叫"总统"，正是为了纪念直至古巴革命（1933年）一直在位的古巴前总统格拉多·马查多（Gerardo Machado）。

配料

40毫升　古巴琥珀朗姆酒
15毫升　干味美思酒
10毫升　干橙皮利口酒
5毫升　石榴糖浆

装饰：一片橙皮
工艺：调酒杯
载杯：鸡尾酒杯
冰：冰块

制作

1. | 取几块冰块在鸡尾酒杯中旋转，以冷却酒杯。

2. | 将所有配料倒入装满冰块的调酒杯中。

3. | 用吧勺搅拌20秒钟。

4. | 从鸡尾酒杯中取出用于冷却的冰块。

5. | 在酒杯中倒入过滤的酒液并点缀装饰。

小贴士：

这款酒也如同许多其他的鸡尾酒，有很多改版；特别是其中一款使用的是红味美思酒。相比之下，红味美思更为柔和，为总统鸡尾酒带来了别样的口感。

临别一语（Last Word）

好饮最后品

您可能还喜欢	
第2级	原子核代基里 （Nuclear Daiquiri） 第335页

起源

这款鸡尾酒诞生于1925年美国禁酒运动中期（1919—1933年）的底特律运动员俱乐部(Detroit Athletic Club)。但是很快，它就被人们遗忘了。后来，西雅图锯齿咖啡馆（Zig Zag Cafe）的一名调酒师莫里·史蒂森（Murray Stenson）在泰德·索西埃（Ted Saucier）的鸡尾酒著作《干杯》（*Bottoms up*）（20世纪50年代）中将其挖掘出来。鸡尾酒的四种配料等量搭配，和谐融洽，无论是谁，只要饮过一次，便无法忘记这种令人惊异的均衡——青柠酸甜利口，绿查尔特勒酒草味清苦，马拉斯加酸樱桃酒果香浓郁，金酒冲击感十足，各种配料融合巧妙，协调一致。

配料

20毫升　金酒
20毫升　绿查尔特勒酒
20毫升　青柠汁
20毫升　马拉斯加酸樱桃酒

装饰：一颗糖渍樱桃
工艺：摇酒壶
载杯：鸡尾酒杯
冰：冰块

制作

1. | 取几块冰块在鸡尾酒杯中旋转以冷却酒杯。

2. | 将所有配料倒入摇酒壶中。

3. | 向摇酒壶加入8～10块冰块并摇和20秒钟。

4. | 从鸡尾酒杯中取出用于冷却的冰块。

5. | 在酒杯中倒入双重过滤的酒液并点缀装饰。

小贴士：

无须担心这款鸡尾酒的稀释问题，因为一杯好的"临别一语"鸡尾酒既不能太过辛辣，也不能太过甜腻。

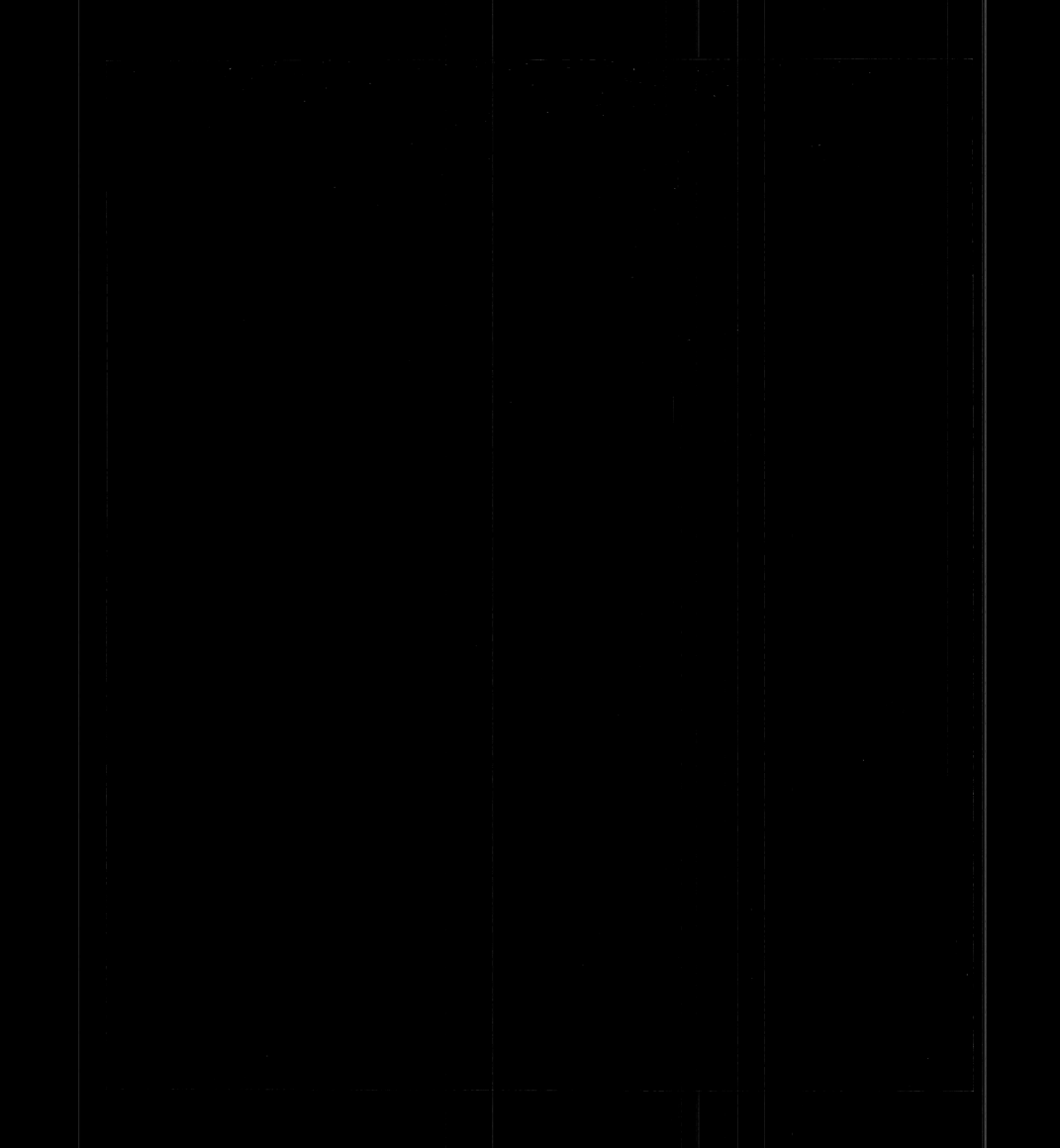

第3级的20种调制配方

至此，您已经熟知大多数调酒技巧，学会平衡不同配料的口味，并且掌握了足够复杂的制作工序了。因此您可以做出新的尝试，尤其是运用更为独特的配料，创造出更加新奇的体验。

接下来的第3级阶段，可以让您接触并制作出更加天然醇厚、浓烈刺激的鸡尾酒。

在本阶段结束后，您会掌握100种基础的鸡尾酒配方。这些基础知识将会伴您继续探索雅致精巧的鸡尾酒文化。

N°81

航空邮件（Airmail）

重磅推荐

您可能还喜欢	
第1级	香蕉代基里（Banana Daiquiri） 第294页

起源

航空邮件鸡尾酒于20世纪50年代末出现在美国餐饮业的酒单上，人们对于其起源知之甚少。不过能想到这款酒是法兰西75鸡尾酒（第193页）的变奏版，用朗姆酒和蜂蜜代替了后者的金酒和糖浆。

配料

40毫升	古巴琥珀朗姆
20毫升	青柠汁
20毫升	蜂蜜糖浆
60毫升	香槟

装饰：一片薄荷叶
工艺：摇酒壶
载杯：鸡尾酒杯
冰：冰块

制作

1. | 取几块冰块在鸡尾酒杯中旋转，以冷却酒杯。

2. | 将朗姆酒、柠檬汁和糖浆倒入摇酒壶中。

3. | 向摇酒壶加入8～10块冰块并摇和10秒钟。

4. | 从鸡尾酒杯中取出用于冷却的冰块。

5. | 在酒杯中倒入过滤的酒液，然后加入香槟。

6. | 装饰。

小贴士：
您可以在家自己制作蜂蜜糖浆，与自制单糖糖浆的方法一样：将一定量的蜂蜜和一定量的温水混合，然后冷藏储存即可。

拉莫斯金菲兹
（Ramos Gin Fizz）

新奥尔良时尚菲兹

您可能还喜欢	
第1级	黑刺李金菲兹 （Sloe Gin Fizz） 第350页

起源

这绝对是调酒师的噩梦！亨利·C·拉莫斯（Henry C. Ramos）于19世纪80年代在新奥尔良研制出这款非常经典的拉莫斯金菲兹鸡尾酒。它需要由多位调酒师在12分钟内接力完成摇酒工作！随后，带手柄的摇酒壶被广泛应用代替手摇过程，从而让这款酒的制作成为当地鸡尾酒调制的标准。拉莫斯金菲兹的另外一个特殊之处就在于它极长的配料清单，给人留下了深刻的印象。不过也正是这些配料给予了这款金菲兹无与伦比的口味和质感。

配料

50毫升	金酒
15毫升	青柠汁
15毫升	柠檬汁
15毫升	蛋清
25毫升	单糖糖浆
25毫升	液体奶油
5毫升	橙花水
30毫升	起泡水

工艺：摇酒壶
载杯：高球杯
冰：冰块

制作

1. | 将除起泡水之外的其他所有配料倒入摇酒壶中。

2. | 向摇酒壶加入8～10块冰块并摇和3分钟。

3. | 在不加冰的高球杯中倒入过滤的酒液。

4. | 用起泡水装满酒杯，然后插入一根吸管。

小贴士：

在这里我们建议摇和3分钟，但是您可以随意延长时间，以获得不同的体验。

阿拉斯加（Alaska）

简约马提尼

您可能还喜欢	
第2级	标准（The Standard） 第355页

起源

这款改版马提尼鸡尾酒的首秀是在1930年出版的《萨沃伊鸡尾酒手 册》（*The Savoy Cocktail Book*）中。该书的作者哈里·克拉多克（Harry Craddock）讲述了一段有点疯狂的故事，然后推断说这款美味的鸡尾酒很有可能并不像它的品名所提示的那样隶属爱斯基摩。

配料

50毫升　金酒
10毫升　黄查尔特勒酒
　1醑　苦橙酒

工艺：摇酒壶
载杯：鸡尾酒杯
冰：冰块

制作

1. | 取几块冰块在鸡尾酒杯中旋转以冷却酒杯。

2. | 将所有配料倒入摇酒壶中。

3. | 向摇酒壶加入8～10块冰块并摇和15秒钟。

4. | 从鸡尾酒杯中取出用于冷却的冰块。

5. | 在酒杯中倒入双重过滤的酒液。

小贴士：
阿拉斯加的初始配方中并不含有苦橙酒，但是以上改良的配方加入了该酒，使得混合酒液更加精致芳香。

白兰地克鲁斯塔

（Brandy Crusta）

边车鸡尾酒的前身

您可能还喜欢	
第2级	床笫之间的浪漫 （Between The Sheets） 第296页

起源

白兰地克鲁斯塔鸡尾酒诞生于19世纪中期的新奥尔良。一位名叫约瑟夫·圣蒂尼（Joseph Santini）的意大利调酒师发明了这款口感柔和、有助消化的鸡尾酒。白兰地克鲁斯塔这个名字与它的糖霜装饰有关——酒杯边缘裹蘸一层砂糖，如同壳（Crust）一样。之后，克鲁斯塔就完全变成了一类鸡尾酒的称呼，这些鸡尾酒都采用糖霜技巧，搭配美味的果汁，并在酒杯内放置柠檬果皮作为装饰。人们常常认为，边车鸡尾酒（第215页）的创作灵感正是来自于白兰地克鲁斯塔。

配料

50毫升	干邑白兰地
15毫升	干橙皮利口酒
15毫升	柠檬汁
5毫升	马拉斯加酸樱桃酒
2醛	安格斯特拉苦精

装饰：砂糖糖霜，一长片柠檬果皮
工艺：摇酒壶
载杯：红葡萄酒杯
冰：冰块

制作

1. | 将红葡萄酒杯杯壁蘸糖，制作砂糖糖霜。

2. | 将所有配料倒入摇酒壶中。

3. | 向摇酒壶加入8～10块冰块并摇和15秒钟。

4. | 在有糖霜的红葡萄酒杯中倒入过滤的酒液。

5. | 装饰。

小贴士：
长柠檬果皮应该置于杯内，让饮用者在品尝时嘴巴能够接触到柠檬果皮。

N°85

晚礼服（Tuxedo）

无尾礼服，必不可少！

您可能还喜欢	
第3级	**马丁内斯**（Martinez） *第271页*

起源

晚礼服鸡尾酒是干马提尼鸡尾酒的直系改版，酒味更加轻柔但香味更加浓郁。马拉斯加酸樱桃酒（樱桃核利口酒）、苦橙酒以及苦艾酒缓和了基酒金酒和味美思酒的干烈，同时带来了清爽的果香。晚礼服鸡尾酒于1862年第一次出现在杰瑞·托马斯（Jerry Thomas）的《调酒师指南》（*Bartender's Guide*）一书中。不过，晚礼服鸡尾酒的身世并非与1886年在纽约开张的晚礼服俱乐部（Tuxedo Club）有关，而是来自于英语中无尾长礼服（smoking）的翻译（tuxedo）。

配料

40毫升	金酒
40毫升	干味美思酒
5毫升	马拉斯加酸樱桃酒
1酹	苦橙酒
6滴	苦艾酒

装饰：一片柠檬果皮
工艺：调酒杯
载杯：鸡尾酒杯
冰：冰块

制作

1. ｜ 取几块冰块在鸡尾酒杯中旋转，以冷却酒杯。

2. ｜ 将所有配料倒入装满冰的调酒杯中。

3. ｜ 用吧勺搅拌20秒钟。

4. ｜ 从鸡尾酒杯中取出用于冷却的冰块。

5. ｜ 在酒杯中倒入过滤的酒液并点缀装饰。

小贴士：
有时候也会见到另一款不含苦艾酒的晚礼服鸡尾酒。

午后之死

（Death in the afternoon）

为斗牛而生?

您可能还喜欢	
第2级	苦艾（Absinthe） 第288页

起源

《午后之死》是欧内斯特·海明威于1932年出版的一本书，它见证了作者对于斗牛术的狂热喜爱。这本书的题目清晰地还原了一场斗牛演出后公牛的死亡。作者采用比喻的手法，暗指这款酒中的高度的酒精含量，以此断言，当饮用者喝过三杯酒后，就能对濒临死亡的公牛身上焚身的痛苦感同身受。此外，1945年，这款鸡尾酒还被列入了一本由30多位知名人士共同撰写而成的鸡尾酒集锦中。

配料

15毫升　苦艾酒
10毫升　单糖糖浆
100毫升　香槟

工艺：直调法
载杯：香槟杯

制作

将所有配料按照给出的顺序依次倒入香槟杯中。

小贴士：
您可以根据自己的口味决定加入糖量的多少。

死而复生2号
（Corpse Reviver #2）

亡者万岁！

您可能还喜欢	
第1级	七重天（Seventh Heaven） 第349页

起源

这款死而复生鸡尾酒的改版来源于哈里·克拉多克（Harry Craddock）的《萨沃伊鸡尾酒手册》（*The Savoy Cocktail Book*）。起初，死而复生指代的是一个系列的鸡尾酒，意思为"让尸体重获新生"。根据口味和要求的不同，我们还可以品尝到死而复生一号、死而复生三号和死而复生四号。此后，这三种版本就消失了，只有以金酒为基酒的死而复生二号沿用了下来，因为它口感更为轻柔，适用于所有饮用者。

配料

20毫升	金酒
20毫升	利莱白开胃酒
20毫升	干橙皮利口酒
20毫升	柠檬汁
6滴	苦艾酒

装饰：一片柠檬果皮
工艺：摇酒壶
载杯：鸡尾酒杯
冰：冰块

制作

1. | 取几块冰块在鸡尾酒杯中旋转，以冷却酒杯。

2. | 将所有配料倒入摇酒壶中。

3. | 向摇酒壶中加入8～10块冰块并摇和15秒钟。

4. | 从鸡尾酒杯中取出用于冷却的冰块。

5. | 在酒杯中倒入双重过滤的酒液并点缀装饰。

小贴士：

在初始的配方中，我们使用的是基纳利莱开胃酒而不是利莱白开胃酒（与187页提到的维斯帕鸡尾酒一样）。正如其名字谐音所暗示的，基纳利莱开胃酒中含有奎宁（金鸡纳霜）。

N°88

威士忌菲力普

（Whisky Flip）

试试蛋奶鸡尾酒！

您可能还喜欢	
第2级	波士顿菲力普 （Boston Flip） 第300页

起源

鸡尾酒中有蛋黄可能会显得奇怪，引起饮用者的不适，但是它带来的丝滑质感绝对让人无法抗拒。事实上，蛋奶鸡尾酒是一类酒的名字，自从它出现在杰瑞·托马斯（Jerry Thomas）的《调酒师指南》（*Bartender's Guide*）一书中，便名声大噪。它的配料必须含有鸡蛋，因而可以说是一款真正的甜品。威士忌蛋奶的味道会让一些人想起著名的威士忌利口酒，但是无论怎么品评，工业威士忌利口酒和这款自制的蛋奶酒都无法相提并论。

配料

50毫升	苏格兰威士忌
15毫升	单糖糖浆
2醛	安格斯特拉苦精
1个	鸡蛋

装饰：肉豆蔻碎末
工艺：摇酒壶
载杯：红葡萄酒杯
冰：冰块

制作

1. | 取几块冰块在鸡尾酒杯中旋转，以冷却酒杯。

2. | 将所有配料倒入摇酒壶中。

3. | 不加冰摇和10秒钟。

4. | 向摇酒壶加入8～10块冰块，再次摇和15秒钟。

5. | 从红葡萄酒杯中取出冰块。

6. | 在酒杯中倒入过滤的酒液并点缀装饰。

小贴士：
掌握这个配方之后，您可以用烈酒（如波旁威士忌、黑麦威士忌、朗姆酒、干邑白兰地）代替威士忌制作出其他版本的蛋奶酒。

贝蒂尼斯鸡尾酒
（Pendennis Cocktail）

在去路易斯维尔的路上

您可能还喜欢	
第2级	萨图恩农神（Saturn）第348页

起源

这款鸡尾酒的品名来自于20世纪30年代在美国肯塔基州路易斯维尔市开张的俱乐部——贝蒂尼斯俱乐部（Pendennis Club）。据说也正是在这家俱乐部，早些年间诞生了古典酒（第153页）。杏与青柠的完美结合让鸡尾酒释放出闻所未闻的水果清香，即便不会上瘾，也会让但凡有机会品尝这款酒的人赞不绝口。

配料

40毫升	金酒
10毫升	杏子利口酒
25毫升	青柠汁
15毫升	单糖糖浆
2醇	北秀苦精

装饰：一块青柠檬
工艺：摇酒壶
载杯：鸡尾酒杯
冰：冰块

制作

1. | 取几块冰块在鸡尾酒杯中旋转，以冷却酒杯。

2. | 将所有配料倒入摇酒壶中。

3. | 向摇酒壶加入8～10块冰块，摇和15秒钟。

4. | 从鸡尾酒杯中取出用于冷却的冰块。

5. | 在酒杯中倒入双重过滤的鸡尾酒并点缀装饰。

小贴士：
普通利口酒（liqueur）和水果醇浓利口酒（crème de fruit）的区别就在于含糖量的多少。前者每升至少含有100克糖分，而后者每升则至少含250克糖分。

N°90

芝加哥菲兹
（Chicago Fizz）

菲兹混血儿

您可能还喜欢	
第1级	大陆酸酒（Continental Sour） 第308页

起源

芝加哥菲兹鸡尾酒在美国禁酒（1919—1933年）之前风光无限，并且是芝加哥华尔道夫酒店（Waldorf Astoria）酒单上一款非常经典的饮品。它的特点是含有一定剂量的波尔图甜红葡萄酒，使得这款以琥珀朗姆酒为基酒的菲兹口感醇厚。这款鸡尾酒第一次出现在雅克·斯特劳布（Jacques Straub）的著作《饮品》（Drinks）一书中。该书于作者死后出版（1914年），将它列入了"风城"（芝加哥的别名）的经典鸡尾酒之列。

配料

40毫升	琥珀朗姆酒
20毫升	柠檬汁
20毫升	单糖糖浆
15毫升	蛋清
40毫升	起泡水
20毫升	波尔图甜红葡萄酒

工艺：摇酒壶
载杯：高球杯
冰：冰块

制作

1. | 将朗姆酒、柠檬汁、糖浆和蛋清倒入摇酒壶中。

2. | 不加冰摇和10秒钟。

3. | 向摇酒壶加入8～10块冰块，再次摇和10秒钟。

4. | 在装满冰块的高球杯中倒入过滤的酒液。

5. | 用起泡水装满酒杯，插入一根吸管并倒入波尔图甜红葡萄酒。

小贴士：
芝加哥菲兹鸡尾酒的制作方法与金菲兹鸡尾酒的制作方法如出一辙。由于需要加冰呈现，所以该鸡尾酒使用的高球杯容量应是最高规格的。

N°91

阿多尼斯（Adonis）

百老汇狂欢

您可能还喜欢	
第2级	竹之味（Bamboo） 第293页

起源

这款口感柔顺的鸡尾酒最适宜作开胃酒饮用。它的起源可以追溯到19世纪80年代纽约华尔道夫酒店（Waldorf Astoria Hotel）的酒吧。其创作是为了庆祝在百老汇音乐厅上演的同名舞台剧获得的巨大成功。事实上，这是第一部演出超过500场的舞台剧，在当时产生了巨大的反响。

配料

40毫升　阿芒提拉多雪莉酒
40毫升　红味美思酒
1醑　苦橙酒

装饰：一片橙皮
工艺：调酒杯
载杯：鸡尾酒杯
冰：冰块

制作

1. | 取几块冰块在鸡尾酒杯中旋转，以冷却酒杯。

2. | 将所有配料倒入装满冰的调酒杯中。

3. | 用吧勺搅拌20秒钟。

4. | 从鸡尾酒杯中取出用于冷却的冰块。

5. | 在酒杯中倒入过滤的酒液并点缀装饰。

小贴士：
您要习惯于在冰箱储存打开后的味美思酒、雪莉酒（法：xérès；英：sherry）以及发酵的红酒。这些酒非常不稳定，想要保持它们的品质和口感，就一定要如此。

N°92

日本人（Japanese）

异域风情

您可能还喜欢	
第2级	年轻人（Young Man） 第363页

起源

日本人鸡尾酒更多作为餐后酒饮用。它配料的组合方式出人意料：巴旦杏仁糖浆（主要配料为甜杏仁）与干邑白兰地的干果芬芳完美结合，同时苦酒又在嘴中带来悠长的余味。1862年，该配方第一次出现在纽约著名调酒师杰瑞·托马斯（Jerry Thomas）的《调酒师指南》（Bartender's Guide）一书中，不过该酒本身和日本并无直接关系。

配料

60毫升	干邑白兰地
15毫升	巴旦杏仁糖浆
2醑	安格斯特拉苦精

装饰：一片柠檬果皮
工艺：调酒杯
载杯：鸡尾酒杯
冰：冰块

制作

1. | 取几块冰块在鸡尾酒杯中旋转以冷却酒杯。

2. | 将所有配料倒入装满冰块的调酒杯中。

3. | 用吧勺搅拌20秒钟。

4. | 从鸡尾酒杯中取出用于冷却的冰块。

5. | 在酒杯中倒入过滤的酒液并点缀装饰。

小贴士：

如果您没有干邑白兰地，可以用其他桶装白兰地陈酒替代，如雅文邑白兰地等，它可以为混合酒液带来相同类型的香气。

林荫道（Boulevardier）

美式尼格罗尼

您可能还喜欢	
第1级	罗西塔（Rosita） 第344页

起源

这款鸡尾酒可以看作是美式的尼格罗尼鸡尾酒（第147页）。在法国首都定居的美国作家、《花花公子》杂志的出版商——厄斯金·格温（Erskine Gwynne）（1899—1948）在巴黎研发出这款林荫道（也可译作花花公子）鸡尾酒。其配料中的波旁威士忌与尼格罗尼鸡尾酒中的金酒不同，可以为鸡尾酒带来别样的香气。这个替换对于有些人来说，口感是截然不同的。所有配料的完美结合让林荫道鸡尾酒尝起来更为圆润厚实，充满木头的干香。

配料

30毫升　波旁威士忌
30毫升　金巴利利口酒
30毫升　红味美思酒

装饰：一片橙皮
工艺：直调法
载杯：古典杯
冰：冰块

制作

1. │ 把古典杯装满冰块。

2. │ 将所有配料倒入古典杯中。

3. │ 用吧勺搅拌10秒钟。

4. │ 装饰鸡尾酒。

小贴士：
也可以使用黑麦威士忌来制作这款鸡尾酒。

马丁内斯（Martinez）

马提尼的起源

您可能还喜欢	
第1级	烟熏马提尼（Smoky Martini） 第351页

起源

一些人认为马丁内斯鸡尾酒是干马提尼鸡尾酒（第107页）的祖先，而另一些人则认为它与曼哈顿鸡尾酒（第143页）十分相像。这款鸡尾酒是美国禁酒之前的一款经典鸡尾酒，第一次出现在O·H·布里因（O.H.Bryon）的著作《现代调酒师指南》（*The Modern Bartender's Guide*）中。当时有两个配方，在这里为大家介绍的是流传最广、并且收录在杰瑞·托马斯（Jerry Thomas）1887年再版的《调酒师指南》（*Bartender's Guide*）中的配方。与马提尼鸡尾酒和曼哈顿鸡尾酒一样，马丁内斯鸡尾酒的爱好者们也可以跳出既定的选择，通过改变金酒和红味美思酒的种类来获取不同风味的马丁内斯鸡尾酒。

配料

50毫升　金酒
25毫升　红味美思酒
5毫升　马拉斯加酸樱桃酒
2醑　安格斯特拉苦精

装饰：一片橙皮
工艺：调酒杯
载杯：鸡尾酒杯
冰：冰块

制作

1. | 取几块冰块在鸡尾酒杯中旋转以冷却酒杯。

2. | 将所有配料倒入装满冰块的调酒杯中。

3. | 用吧勺搅拌20秒钟。

4. | 从鸡尾酒杯中取出用于冷却的冰块。

5. | 在酒杯中倒入过滤的酒液并点缀装饰。

小贴士：
另一个版本的马丁内斯采用的是干味美思、红味美思和干橙皮利口酒。

热托蒂（Hot Toddy）

苏格兰格罗格酒

您可能还喜欢	
第1级	生锈钉（Rusty Nail） 第345页

起源

热托蒂相当于更具盎格鲁−撒克逊风格、香气更加浓郁的格罗格酒。人们可以用苏格兰威士忌、威士忌、波旁威士忌、甚至是白兰地来制作这款鸡尾酒。因此，它的配料组成让人不由得想到了宾治。这款鸡尾酒的起源大概与一位名叫罗伯特·本特利·托德（Robert Bentley Todd）（1809—1860年）的爱尔兰物理学家有关。他平日里习惯于来上一杯混合着桂皮、糖和热水的白兰地。

配料

80毫升　热水
50毫升　苏格兰威士忌
15毫升　柠檬汁
15毫升　蜂蜜

装饰：一片柠檬果皮，4颗调味丁香
工艺：直调法
载杯：把手杯

制作

1. ｜ 用4颗调味丁香扎穿柠檬果皮。

2. ｜ 把水烧开。

3. ｜ 将所有配料倒入把手杯中。

4. ｜ 用吧勺搅拌。

5. ｜ 品酒之前，再将浸泡在酒液中的柠檬果皮拿出。

小贴士：

请注意，这款鸡尾酒是热饮，应该在把手杯中制作而不应该放在玻璃杯中。

N°96

布鲁克林（Brooklyn）

含有苦酒的纽约鸡尾酒

您可能还喜欢	
第3级	科布尔山（Cobble Hill） 第307页

起源

布鲁克林鸡尾酒于1908年第一次出现在杰考布·亚伯拉罕·格罗乌斯科（Jacob Abraham Grohusko）的著作《杰克的手册》（*Jack's Manual*）中。然而，它很快就被人们遗忘了，因为彼时曼哈顿鸡尾酒（第143页）名气长盛不衰。这一境况其实是因为其所含有的法国彼功苦酒配料特殊，难以获取，因而使得它的名气逊于曼哈顿鸡尾酒。不过，由于21世纪初新一代纽约调酒师发起的"新经典"鸡尾酒潮流，这款鸡尾酒重新进入了人们的视野，迎合了人们的审美品位。

配料

50毫升	波旁威士忌
25毫升	红味美思酒
10毫升	彼功苦酒
5毫升	马拉斯加酸樱桃酒

装饰：一颗糖渍樱桃
工艺：调酒杯
载杯：鸡尾酒杯
冰：冰块

制作

1. | 取几块冰块在鸡尾酒杯中旋转，以冷却酒杯。

2. | 将所有配料倒入装满冰块的调酒杯中。

3. | 用吧勺搅拌20秒钟。

4. | 从鸡尾酒杯中取出冰块。

5. | 在酒杯中倒入过滤的酒液并点缀装饰。

小贴士：
曼哈顿鸡尾酒添加法国苦酒？为什么不行呢？实话说，这款鸡尾酒已经被新一代的美国调酒师们进行过不知多少次改良了。

翻云覆雨

（Hanky Panky）

萨沃伊的经典

您可能还喜欢	
第2级	**多伦多**（Toronto） 第356页

起源

翻云覆雨鸡尾酒由伦敦萨沃伊酒店酒吧的首席女调酒师艾达·科尔曼（Ada Coleman）于20世纪初研制出来。在那时候，由一个女人来调制鸡尾酒是一件极其令人震惊的事情。然而艾达·科尔曼（Ada Coleman）对世人的批评不屑一顾，最终成为历史上最优秀的女调酒师之一。这款鸡尾酒很容易让人联想起同样采用了金酒和甜味红味美思组合的马丁内斯鸡尾酒（第356页）。其配方中的意大利苦酒——菲奈特布兰卡苦酒草味浓郁，为鸡尾酒增添了别样的清香。

配料

40毫升	金酒
40毫升	红味美思酒
5毫升	菲奈特布兰卡苦酒

装饰：一片橙皮
工艺：调酒杯
载杯：鸡尾酒杯
冰：冰块

制作

1. | 取几块冰块在鸡尾酒杯中旋转，以冷却酒杯。

2. | 将所有配料倒入装满冰块的调酒杯中。

3. | 用吧勺搅拌20秒钟。

4. | 从鸡尾酒杯中取出用于冷却的冰块。

5. | 在酒杯中倒入过滤的酒液并点缀装饰。

小贴士：
菲奈特布兰卡苦酒的香气十分浓郁，我们建议您节省使用，无须大量添加。

N°98

蓝色火焰（Blue Blazer）

展现它的火焰

您可能还喜欢	
第3级	黄油热朗姆酒 （Hot Buttered Rum） 第324页

起源

蓝色火焰鸡尾酒是杰瑞·托马斯（Jerry Thomas）的招牌之一。这位"花式调酒之父"（他掌握一种花式调酒艺术——调酒过程如同表演，尤其能玩转瓶子）在此推荐的是一款燃烧的鸡尾酒，虽然配方中的配料简单易得，但是准备过程却蔚为壮观。这款鸡尾酒的名字正是来自于其淡蓝色的火焰，随着大小厅杯的抛接，空气源源不断地接触酒液，火焰也越来越旺。

配料

50毫升　热苏格兰威士忌
10毫升　单糖糖浆
80毫升　热水

装饰：一片柠檬果皮
工艺：抛接（2个金属马克杯）
载杯：把手杯

制作

1. | 将糖浆和热的威士忌倒入一个马克杯中，然后在杯中点燃混合物。

2. | 将沸腾的热水小心地倒入威士忌糖浆混合液中。

3. | 在最高处将燃烧的液体从第一个马克杯倒入第二个马克杯。

4. | 逐渐降低第二个马克杯的高度直至胳膊可以达到的最低点。

5. | 抛接的过程重复五到六次，然后将空的马克杯放在装满液体的马克杯上以熄灭火焰。

6. | 将酒液倒入呈现的把手杯中并点缀装饰。

小贴士：

由于显而易见的安全问题，我们建议您完全掌握了抛接技巧之后再来制作这款鸡尾酒。操控燃烧的液体非常危险，因此不宜在家里完成。

绿点（Greenpoint）

走向绿色

您可能还喜欢	
第2级	肯塔基陆军上校 （Kentucky Colonel） 第328页

起源

迈克尔·麦克罗伊（Michael McIlroy）于2005年在"牛奶和蜂蜜"（Milk & Honey）酒吧发明出绿点鸡尾酒。这款曼哈顿鸡尾酒（第143页）的改版，或者更确切地说，布鲁克林鸡尾酒（第275页）的改版，毋庸置疑是"现代经典"鸡尾酒的一员。黄查尔特勒酒带来了丰富的草香味，让这款鸡尾酒别树一帜。其品名直接取自于美国布鲁克林的一个街区。

配料

50毫升	黑麦威士忌
15毫升	红味美思酒
10毫升	黄查尔特勒酒
2醑	安格斯特拉苦精
1醑	苦橙酒

装饰：一片柠檬果皮
工艺：调酒杯
载杯：鸡尾酒杯
冰：冰块

制作

1. | 取几块冰块在鸡尾酒杯中旋转，以冷却酒杯。

2. | 将所有配料倒入装满冰块的调酒杯中。

3. | 用吧勺搅拌20秒钟。

4. | 从鸡尾酒杯中取出用于冷却的冰块。

5. | 在酒杯中倒入过滤的酒液并点缀装饰。

小贴士：

查尔特勒酒产自法国伊泽尔省，是法国烈酒历史上修道士文化的象征之一。黄查尔特勒酒的酒精度数为40度，绿查尔特勒酒的度数为55度。

N°100

僵尸（Zombie）

只献给勇士！

您可能还喜欢	
第3级	海军格罗格（Navy Grog） 第334页

起源

您会不会担心在品尝僵尸鸡尾酒时感受到电影《活死人之夜》中的可怕氛围？放心吧，这款鸡尾酒令你回忆起的事情可比那轻松多了。唐·比奇科默（Don The Beachcomber）是这类充满提基文化鸡尾酒的倡导者之一，他于1939年发明出这款经典的提基鸡尾酒。僵尸鸡尾酒酒精含量很高，唐·比奇科默建议最多饮用两杯，千万不要贪杯哟。

配料

25毫升	古巴琥珀朗姆酒	装饰：	一簇新鲜薄荷
25毫升	牙买加琥珀朗姆酒	工艺：	摇酒壶
15毫升	琥珀烈朗姆酒	载杯：	提基杯
25毫升	青柠汁	冰：	冰块
10毫升	西柚汁		
5毫升	桂皮糖浆		
5毫升	石榴糖浆		
15毫升	威尔维持法勒朗姆酒		
6滴	苦艾酒		
2醏	安格斯特拉苦精		

制作

1. | 将所有配料倒入摇酒壶中。

2. | 向摇酒壶加入8～10块冰块并摇和10秒钟。

3. | 在装满冰块的提基图腾马克杯中倒入过滤的酒液。

4. | 插入一根吸管并装饰鸡尾酒。

小贴士：

提基杯是绘有人脸图腾的陶瓷杯，传统上是用于供应同名鸡尾酒的。这种杯子的设计灵感来源于波利尼西亚的神灵。如果您没有这样的杯子，选用高球杯即可。

第三篇
鸡尾酒的300种流行配方

开篇寄语

　　进入书的这一阶段，一般来说，您已经不再需要画面的视觉标记，也不再需要特殊的陪伴来完成一款鸡尾酒了。我们也能想象您一定会在家中摆出摇酒壶，或是调酒杯来制作开胃酒，宴请朋友畅饮。

　　自此，您已经能够很好地掌握第一篇中介绍的技巧，也能很好地把握味道平衡的原则，这对于实现一款名副其实的鸡尾酒至关重要。

　　基于上述原因，本篇的解释更为简单，直入最中心的环节。

　　不过，本篇也有配方等级的划分，共分为三级，从而让您更直观地把握难易程度不同的300种配方。

本章出现的图形符号备忘录

用量

除了特别标示出10人用量以外，

10

本章其他的配方都采用1人量。

技巧

直调式

摇酒壶

调酒杯

调酒棒

搅拌机

宾治碗

平底锅

抛接

冰

冰块

碎冰

装饰

如下的图形

意味着如果有所需要，应准备装饰配料

鸡尾酒的300种
流 行 配 方

101

修道院（Abbey） 第1级

金酒　利莱白开胃酒　橙汁　安格斯特拉苦精

制作：

1. ｜ 将鸡尾酒杯冷却。

2. ｜ 把所有的配料倒入摇酒壶。

3. ｜ 摇和15秒钟。

4. ｜ 将鸡尾酒双重过滤，倒入酒杯。

1 酲 —
25 毫升 —
25 毫升 —
50 毫升 —

102

苦艾（Absinthe Cocktail） 第2级

苦艾酒　矿泉水　单糖糖浆　安格斯特拉苦精

制作：

1. ｜ 将鸡尾酒杯冷却。

2. ｜ 把所有的配料倒入摇酒壶。

3. ｜ 摇和15秒钟。

4. ｜ 将鸡尾酒双重过滤，倒入酒杯。

1 酲 —
30 毫升 —
30 毫升 —
30 毫升 —

103

阿芬尼蒂（Affinity） 第2级

苏格兰威士忌　红味美思酒　干味美思酒　安格斯特拉苦精

 1 片柠檬果皮

制作：

1. ｜ 将鸡尾酒杯冷却。

2. ｜ 把所有的配料倒入装满冰块的调酒杯。

3. ｜ 调和20秒钟。

4. ｜ 将鸡尾酒过滤，倒入酒杯，然后点缀装饰。

2 酲 —
30 毫升 —
30 毫升 —
30 毫升 —

104

龙舌兰宾治（Agave Punch） 第1级

墨西哥白龙舌兰酒　橙汁　柠檬汁　单糖糖浆　波尔图甜红葡萄酒

1/2 片橙子，2粒黑葡萄

制作：

1. ｜ 把除波尔图甜红葡萄酒之外的其他配料倒入摇酒壶。

2. ｜ 摇和10秒钟。

3. ｜ 将鸡尾酒过滤，倒入装满冰块的古典酒杯。

4. ｜ 把波尔图甜红葡萄酒小心地倒入酒杯表层。

5. ｜ 点缀装饰。

15 毫升 —
15 毫升 —
20 毫升 —
50 毫升 —
50 毫升 —

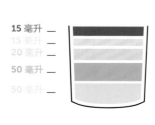

105

阿拉巴马监狱（Alabama Slammer） 第3级

意大利阿玛雷托酒 | 南方舒适甜酒 | 黑刺李金酒 | 柠檬汁 | 橙汁

 1/2片橙子，1个糖渍樱桃

制作：

1. | 把所有的配料倒入装满冰块的高球杯。

2. | 调和10秒钟。

3. | 加入一根吸管，然后点缀装饰。

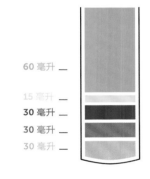

60 毫升 —
15 毫升 —
30 毫升 —
30 毫升 —
30 毫升 —

106

阿尔博马勒菲兹（Albemarle Fizz） 第1级

金酒 | 柠檬汁 | 覆盆子糖浆 | 起泡水

制作：

1. | 把除起泡水之外的其他配料倒入摇酒壶。

2. | 摇和5秒钟。

3. | 将鸡尾酒过滤，倒入装满冰块的高球杯，然后倒入起泡水。

4. | 用吧勺从上到下搅动鸡尾酒，最后加入一根吸管。

100 毫升 —

15 毫升 —
25 毫升 —

—

107

亚历山大（Alexander） 第2级

金酒 | 可可酒 | 液体奶油

肉豆蔻碎末

制作：

1. | 将鸡尾酒杯冷却。

2. | 把所有的配料倒入摇酒壶。

3. | 摇和15秒钟。

4. | 将鸡尾酒双重过滤，倒入酒杯，然后点缀装饰。

30 毫升 —
30 毫升 —
40 毫升 —

108

阿方索（Alfonso） 第2级

糖 | 安格斯特拉苦精 | 杜本内红葡萄酒 | 干香槟酒

 1 片柠檬果皮

制作：

1. | 用苦酒将方糖浸透。

2. | 将糖沉淀在香槟杯底，然后倒入杜本内红葡萄酒。

3. | 加入香槟酒，然后点缀装饰。

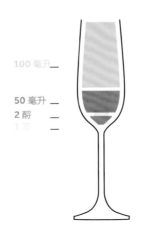

100 毫升 —

50 毫升 —
2 醑 —
1 方 —

鸡尾酒的300种
流 行 配 方

109

阿尔冈琴族人（Algonquin） 第1级

黑麦威士忌　干味美思酒　菠萝汁

制作：

1. | 将鸡尾酒杯冷却。
2. | 把所有的配料倒入摇酒壶。
3. | 摇和15秒钟。
4. | 将鸡尾酒双重过滤，倒入酒杯。

25 毫升 —
25 毫升 —
50 毫升 —

110

爱丽丝（Alice Mine） 第3级

红味美思酒　茴香酒　苏格兰威士忌

制作：

1. | 将鸡尾酒杯冷却。
2. | 把所有的配料倒入摇酒壶。
3. | 摇和10秒钟。
4. | 将鸡尾酒双重过滤，倒入酒杯。

10 毫升 —
30 毫升 —
30 毫升 —

111

阿勒格尼（Allengheny） 第1级

波旁威士忌　干味美思酒　桑葚利口酒　柠檬汁

⊛ 1片柠檬果皮

制作：

1. | 将鸡尾酒杯冷却。
2. | 把所有的配料倒入摇酒壶。
3. | 摇和10秒钟。
4. | 将鸡尾酒双重过滤，倒入酒杯，然后点缀装饰。

10 毫升 —
10 毫升 —
30 毫升 —
30 毫升 —

112

杏仁酸酒（Almond Dipped Sour） 第2级

伏特加酒　柠檬汁　巴旦杏仁糖浆　蛋清　杏子果酱

⊛ 圆锥形烤杏仁

制作：

1. | 把所有的配料倒入摇酒壶。
2. | 不加冰摇和10秒钟。
3. | 加入冰块，再次摇和
4. | 将鸡尾酒过滤，倒入放满冰块的古典酒杯，然后点缀装饰。

1 吧勺
15 毫升
15 毫升
25 毫升

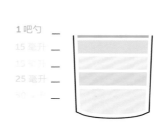

113

阿马罗萨（Amarosa） 第3级

金酒　樱桃酒　意大利阿玛罗科拉酒

 1片柠檬果皮

30 毫升 —
30 毫升 —
30 毫升 —

制作：

1. | 将鸡尾酒杯冷却。

2. | 把所有的配料倒入装满冰块的调酒杯。

3. | 调和20秒钟。

4. | 将鸡尾酒过滤，倒入酒杯，然后点缀装饰。

114

美国丽人（American Beauty） 第1级

干邑白兰地　干味美思酒　橙汁　石榴糖浆　波尔图甜红葡萄酒

15 毫升 —
10 毫升 —
20 毫升 —

20 毫升 —

制作：

1. | 将鸡尾酒杯冷却。

2. | 把除波尔图甜红葡萄酒之外的其他配料倒入摇酒壶。

3. | 摇和10秒钟。

4. | 将鸡尾酒双重过滤，倒入酒杯。

5. | 把波尔图甜红葡萄酒小心地倒入酒杯表层。

115

美式早餐（American Breakfast） 第1级

波旁威士忌　西柚汁　枫糖浆

 一片西柚果皮

制作：

1. | 把所有的配料倒入摇酒壶。

2. | 摇和15秒钟。

3. | 将鸡尾酒过滤，倒入放满冰块的古典酒杯。

4. | 点缀装饰。

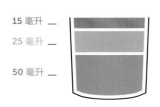

15 毫升 —
25 毫升 —
50 毫升 —

116

天使之颜（Angel Face） 第2级

金酒　卡尔瓦多斯酒　杏子利口酒

 一片柠檬果皮

30 毫升 —
30 毫升 —

制作：

1. | 将鸡尾酒杯冷却。

2. | 把所有的配料倒入装满冰块的调酒杯。

3. | 调和20秒钟。

4. | 将鸡尾酒过滤，倒入酒杯，然后点缀装饰

鸡尾酒的300种
流 行 配 方

117

苹果日出（Apple Sunrise）

 第1级

卡尔瓦多斯酒　黑加仑利口酒　橙汁　柠檬汁

制作：

1. | 把所有的配料倒入装满冰块的古典酒杯。

2. | 调和10秒钟。

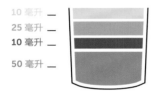

10 毫升 —
25 毫升 —
10 毫升 —
50 毫升 —

118

四月阵雨（April Shower）

 第2级

干邑白兰地　班尼狄克汀甜烧酒　橙汁

制作：

1. | 将鸡尾酒杯冷却。

2. | 把所有的配料倒入摇酒壶。

3. | 摇和10秒钟。

4. | 将鸡尾酒双重过滤，倒入酒杯。

40 毫升 —
15 毫升 —
40 毫升 —

119

陆军与海军（Army And Navy）

 第2级

金酒　青柠汁　巴旦杏仁糖浆

 1片青柠果皮

制作：

1. | 将鸡尾酒杯冷却。

2. | 把所有的配料倒入摇酒壶。

3. | 摇和15秒钟。

4. | 将鸡尾酒双重过滤，倒入酒杯，然后点缀装饰。

15 毫升 —
25 毫升 —
50 毫升 —

120

好样的（Attaboy）

 第2级

金酒　干味美思酒　石榴糖浆

制作：

1. | 将鸡尾酒杯冷却。

2. | 把所有的配料倒入摇酒壶。

3. | 摇和10秒钟。

4. | 将鸡尾酒双重过滤，倒入酒杯。

5 毫升 —
25 毫升 —
50 毫升 —

121

大道（avenue）

第3级

波旁威士忌　卡尔瓦多斯酒　西番莲汁　石榴糖浆　橙花水

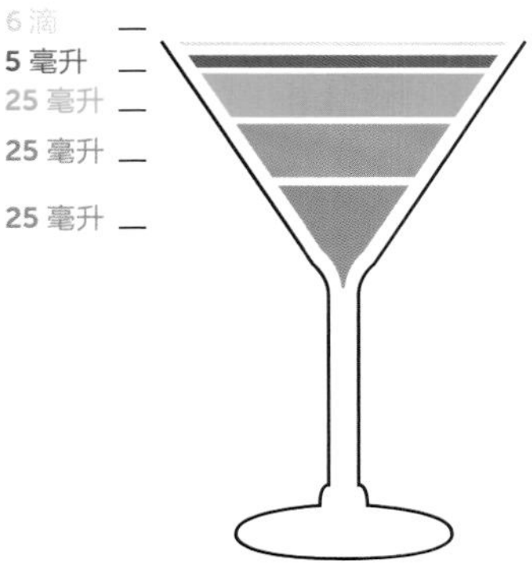
6 滴
5 毫升
25 毫升
25 毫升
25 毫升

制作：

1. | 将鸡尾酒杯冷却。
2. | 把所有的配料倒入摇酒壶。
3. | 摇和10秒钟。
4. | 将鸡尾酒双重过滤，倒入酒杯。

122

B52

第2级

咖啡利口酒　百利甜酒　干橙皮利口酒

制作：

| 沿着吧勺，依次将咖啡利口酒、百利甜酒、干橙皮利口酒倒入浅量短饮杯。

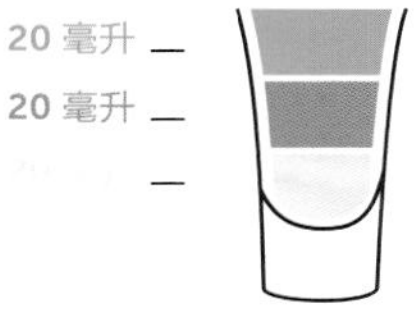
20 毫升
20 毫升

123

波罗的海微风（Baltic Breeze）

第1级

伏特加酒　浑浊苹果汁　蔓越莓汁　接骨木花甜饮料

1/2片柠檬，一簇薄荷

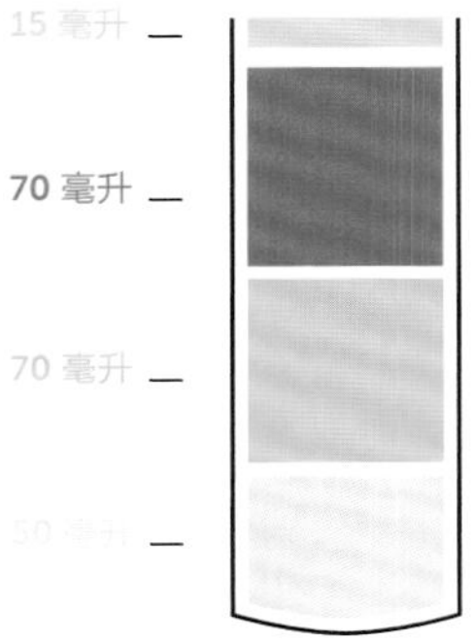
15 毫升
70 毫升
70 毫升
50 毫升

制作：

1. | 把所有的配料倒入装满冰块的高球杯。
2. | 调和10秒钟。
3. | 加入一根吸管，然后点缀装饰。

124

竹之味（Bamboo）

第2级

阿蒙蒂拉多雪莉酒　干味美思酒　安格斯特拉甜橙苦精　安格斯特拉苦精

1片柠檬果皮

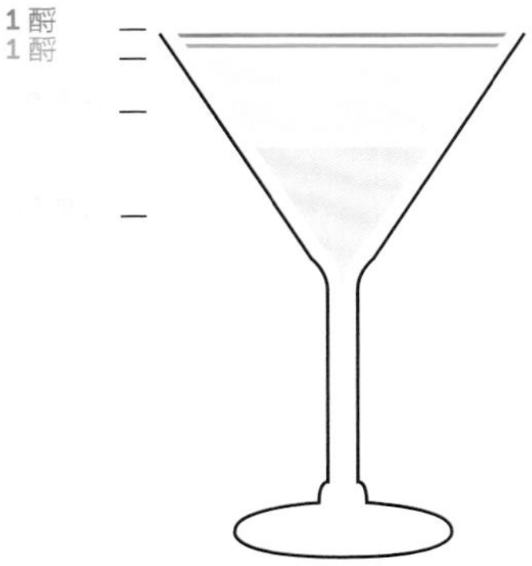
1 酹
1 酹

制作：

1. | 将鸡尾酒杯冷却。
2. | 把所有的配料倒入装满冰块的调酒杯。
3. | 调和20秒钟。
4. | 将鸡尾酒过滤，倒入酒杯，然后点缀装饰。

鸡尾酒的300种
流 行 配 方

125

香蕉代基里（Banana Daiquiri） 第1级

古巴琥珀朗姆酒　青柠汁　单糖糖浆　熟香蕉

🍊 1段香蕉

1/2 —
20 毫升 —
20 毫升 —
50 毫升 —

制作：

1. ｜ 将所有配料倒入搅拌机，并添加6～8块冰。

2. ｜ 用最大速度搅拌30秒。

3. ｜ 倒入鸡尾酒杯中，插入一根吸管，然后点缀装饰。

126

涂鸦（Barbottage） 第1级

橙汁　柠檬汁　石榴糖浆　香槟酒

100 毫升 —

5 毫升 —
10 毫升 —
25 毫升 —

制作：

1. ｜ 将果汁和石榴糖浆倒入摇酒壶中。

2. ｜ 摇和5秒钟。

3. ｜ 双重过滤鸡尾酒至香槟杯中，最后加入香槟酒。

127

罗勒&菠萝马提尼（Basil &Pineapple Martini） 第1级

去皮的菠萝　伏特加酒　柠檬汁　单糖糖浆　罗勒

🍊 1片罗勒叶

5片
罗勒叶 —
10 毫升 —
20 毫升 —
50 毫升 —
1/2 片 —

制作：

1. ｜ 将鸡尾酒杯冷却。

2. ｜ 把菠萝片放入摇酒壶捣碎。

3. ｜ 倒入其他配料。

4. ｜ 摇和15秒钟。

5. ｜ 将鸡尾酒双重过滤，倒入酒杯，然后点缀装饰。

128

大罗勒（Basil Grande） 第2级

草莓　罗勒　伏特加酒　干橙皮利口酒　香波堡利口酒　蔓越莓汁

🍊 1片罗勒叶

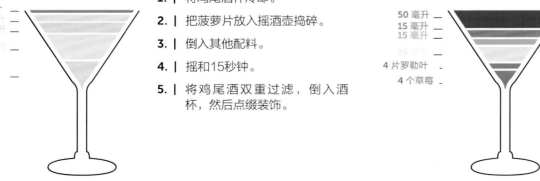

50 毫升 —
15 毫升 —
15 毫升 —
25 毫升 —
4 片罗勒叶 —
4 个草莓 —

制作：

1. ｜ 将草莓和罗勒叶放入摇酒壶捣碎。

2. ｜ 加入其他的配料。

3. ｜ 摇和15秒钟。

4. ｜ 将鸡尾酒双重过滤，倒入酒杯，然后点缀装饰。

129

贝波（Bebbo） 第1级

金酒　柠檬汁　**蜂蜜糖浆**　橙汁

 1片柠檬果皮

制作：

1. | 将鸡尾酒杯冷却。

2. | 把所有的配料倒入摇酒壶。

3. | 摇和15秒钟。

4. | 将鸡尾酒双重过滤，倒入酒杯，然后点缀装饰。

130

贝尔蒙特（Belmont） 第1级

金酒　液体奶油　**覆盆子糖浆**

制作：

1. | 将鸡尾酒杯冷却。

2. | 把所有的配料倒入摇酒壶。

3. | 摇和15秒钟。

4. | 将鸡尾酒双重过滤，倒入酒杯。

131

贝尔蒙特微风（Belmont Breeze） 第2级

黑麦威士忌　菲诺雪莉酒　柠檬汁　橙汁　**蔓越莓汁**　单糖糖浆　起泡水

 1片柠檬，一簇薄荷

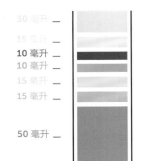

制作：

1. | 把除了起泡水以外其他的配料倒入摇酒壶。

2. | 摇和5秒钟。

3. | 将鸡尾酒过滤，倒入放满冰块的高球酒杯，然后加入起泡水。

4. | 点缀装饰。

132

宾城墟（Bensonhurst） 第3级

黑麦鸡尾酒　干味美思酒　马拉斯加酸樱桃酒　**西娜尔苦酒**

 1颗糖渍樱桃

制作：

1. | 将鸡尾酒杯冷却。

2. | 把所有的配料倒入装满冰块的调酒杯。

3. | 调和20秒钟。

4. | 将鸡尾酒过滤，倒入酒杯，然后点缀装饰。

鸡尾酒的300种
流 行 配 方

133

宾利（Bentley） 第2级

卡尔瓦多斯酒　杜本内红葡萄酒

制作：

40 毫升 —

40 毫升 —

1. | 将鸡尾酒杯冷却。

2. | 把所有的配料倒入摇酒壶。

3. | 摇和10秒钟。

4. | 将鸡尾酒双重过滤，倒入酒杯。

134

百慕大朗姆（Bermuda Rum Swizzle） 第3级

百慕大琥珀朗姆酒　菠萝汁　橙汁　柠檬汁　威尔维特法勒朗姆酒　安格斯特拉苦精

 1片橙子，1块菠萝，1颗糖渍樱桃

制作：

2 酹
10 毫升
15 毫升
30 毫升
30 毫升
50 毫升

1. | 将所有配料放入装满碎冰的高球酒杯。

2. | 用调酒棒调和。

3. | 放入两根吸管，点缀装饰。

135

床笫之间的浪漫（Between The Sheets） 第2级

干邑白兰地　古巴白朗姆酒　干橙皮利口酒　柠檬汁

1/2片柠檬

制作：

20 毫升 —
20 毫升 —
20 毫升 —
20 毫升 —

1. | 将鸡尾酒杯冷却。

2. | 把所有的配料倒入摇酒壶。

3. | 摇和15秒钟。

4. | 将鸡尾酒双重过滤，倒入酒杯。

136

单车（Bicicletta） 第1级

金巴利利口酒　白葡萄酒　起泡水

1片柠檬

制作：

40 毫升 —

40 毫升 —

50 毫升 —

1. | 将所有配料放入装满冰块的葡萄酒杯。

2. | 调和10秒钟。

3. | 点缀装饰。

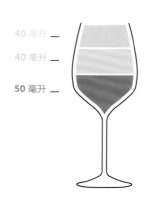

161

加州之梦（California Dream）

第2级

微陈龙舌兰酒 红味美思酒 干味美思酒

1片柠檬果皮

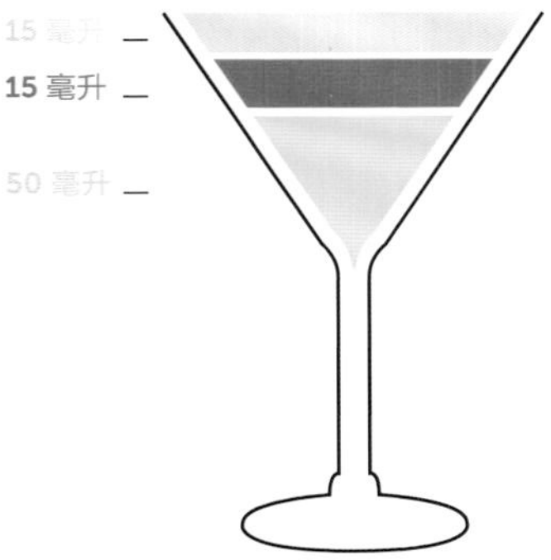
15 毫升
15 毫升
50 毫升

制作：

1. | 将鸡尾酒杯冷却。
2. | 把所有的配料倒入装满冰块的调酒杯。
3. | 调和20秒钟。
4. | 将鸡尾酒过滤，倒入酒杯。

162

卡尔瓦多斯（Calvados Cocktail）

第1级

卡尔瓦多斯酒 干橙皮利口酒 橙汁 苦橙酒

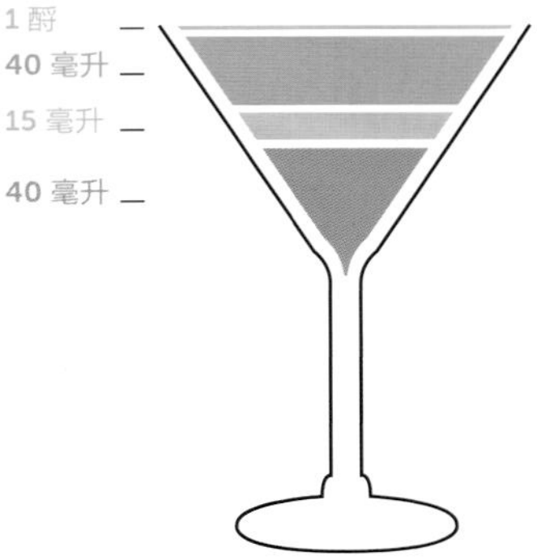
1 酹
40 毫升
15 毫升
40 毫升

制作：

1. | 将鸡尾酒杯冷却。
2. | 把所有的配料倒入摇酒壶。
3. | 摇和15秒钟。
4. | 将鸡尾酒双重过滤，倒入酒杯。

163

卡梅隆踢球（Cameron's Kick）

第1级

苏格兰威士忌 爱尔兰威士忌 柠檬汁 巴旦杏仁糖浆

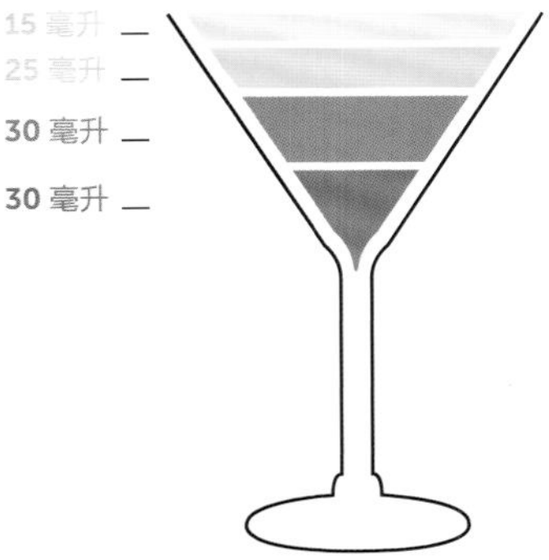
15 毫升
25 毫升
30 毫升
30 毫升

制作：

1. | 将鸡尾酒杯冷却。
2. | 把所有的配料倒入摇酒壶。
3. | 摇和15秒钟。
4. | 将鸡尾酒双重过滤，倒入酒杯。

164

凯布·柯达（Cape Codder）

第1级

伏特加酒 蔓越莓汁

一块青柠檬

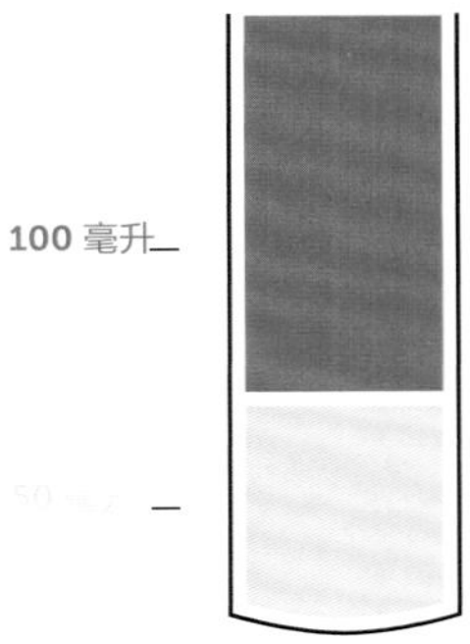
100 毫升
50

制作：

1. | 把所有的配料倒入装满冰块的高球杯。
2. | 调和10秒钟。
3. | 加入一根吸管，然后点缀装饰。

165

卡尔顿（Carlton）

 第1级

波旁威士忌　干橙皮利口酒　橙汁

15 毫升 —
25 毫升 —
50 毫升 —

制作：

1. | 将鸡尾酒杯冷却。

2. | 把所有的配料倒入摇酒壶。

3. | 摇和15秒钟。

4. | 将鸡尾酒双重过滤，倒入酒杯。

166

卡罗尔·钱宁（Carol Channing）

 第1级

覆盆子烧酒　覆盆子利口酒　香槟酒

 1个覆盆子

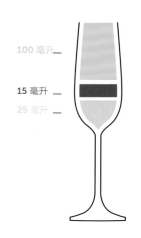

100 毫升 —

15 毫升 —
25 毫升 —

制作：

1. | 将所有配料倒入香槟杯中。

2. | 点缀装饰。

167

卡罗花园（Carrol Gardens）

第3级

黑麦威士忌　潘脱米味美思酒　意大利阿玛罗纳迪尼酒　马拉斯加酸樱桃酒

5 毫升 —
15 毫升 —
15 毫升 —

50 毫升 —

制作：

1. | 将鸡尾酒杯冷却。

2. | 把所有的配料倒入装满冰块的调酒杯。

3. | 调和20秒钟。

4. | 将鸡尾酒过滤，倒入酒杯。

168

猫之眼2号（Cat's Eye #2）

第1级

墨西哥白龙舌兰　西番莲果泥　橙汁

 1块炙烤橙皮

25 毫升 —
25 毫升 —
50 毫升 —

制作：

1. | 将鸡尾酒杯冷却。

2. | 把所有的配料倒入摇酒壶。

3. | 摇和10秒钟。

4. | 将鸡尾酒双重过滤，倒入酒杯。

169

香槟考比勒（Champagne Cobbler） 第1级

干香槟酒　单糖糖浆

 1/2片橙子，1/2片柠檬，一簇薄荷

制作：

1. | 把所有的配料倒入装满碎冰的葡萄酒杯。

2. | 调和10秒钟。

3. | 加入两根吸管，然后点缀装饰。

10 毫升 —

80 毫升 —

170

香槟杯（Champagne Cup） 第1级

干邑白兰地　干橙皮利口酒　单糖糖浆　起泡水　香槟酒

 红色水果，一簇薄荷

制作：

1. | 把所有的配料倒入装满冰块的葡萄酒杯。

2. | 调和10秒钟。

3. | 点缀装饰。

80 毫升 —
50 毫升 —
10 毫升 —
15 毫升 —
30 毫升 —

171

香槟黛丝（Champagne Daisy） 第2级

黄查尔特勒酒　柠檬汁　石榴糖浆　香槟

 1片柠檬果皮

80 毫升 —

5 毫升 —
15 毫升 —
20 毫升 —

制作：

1. | 把黄查尔特勒酒、柠檬汁和石榴糖浆倒入摇酒壶。

2. | 摇和5秒钟。

3. | 将鸡尾酒双重过滤，倒入香槟酒杯，然后加入香槟酒。

4. | 点缀装饰。

172

香槟宾治（Champagne Punch） 10 第1级

干邑白兰地　香槟酒　马拉斯加酸樱桃酒　干橙皮利口酒　柠檬汁　起泡水

 柠檬片，橙子片

制作：

1. | 将所有配料放入宾治碗中，加入30几块冰。

2. | 加入水果片，用长柄勺小心的进行调和。

3. | 分别舀入小杯中供应

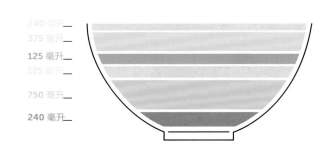

240 毫升—
375 毫升—
125 毫升—
125 毫升—
750 毫升—
240 毫升—

鸡尾酒的300种
流 行 配 方

173

香榭丽舍（Champs-Elysées） 第3级

干邑白兰地　黄查尔特勒酒　柠檬汁　安格斯特拉苦精

1片柠檬果皮

1醇
20 毫升
20 毫升
40 毫升

制作：

1. ┃ 将鸡尾酒杯冷却。

2. ┃ 把所有的配料倒入摇酒壶。

3. ┃ 摇和15秒钟。

4. ┃ 将鸡尾酒双重过滤，倒入酒杯，点缀装饰。

174

查尔特勒混合（Chartreuse Swizzle） 第1级

绿查尔特勒酒　威尔维特法勒朗姆酒　菠萝汁　青柠汁

1片青柠檬，1块菠萝

25 毫升
30 毫升
15 毫升
35 毫升

制作：

1. ┃ 把所有的配料倒入装满碎冰的高球杯。

2. ┃ 用调酒棒进行调和。

3. ┃ 加入两根吸管，点缀装饰。

175

樱花（Cherry Blossom） 第1级

干邑白兰地　樱桃利口酒　柠檬汁　石榴糖浆

5 毫升
25 毫升
15 毫升
50 毫升

制作：

1. ┃ 将鸡尾酒杯冷却。

2. ┃ 把所有的配料倒入摇酒壶。

3. ┃ 摇和15秒钟。

4. ┃ 将鸡尾酒双重过滤，倒入酒杯。

176

拉普·拉普酋长（Chief Lapu Lapu） 第2级

波多黎各白朗姆酒　牙买加琥珀朗姆酒　橙汁　柠檬汁　西番莲糖浆

1片长橙皮

15 毫升
25 毫升
50 毫升
25 毫升
25 毫升

制作：

1. ┃ 把所有的配料倒入摇酒壶。

2. ┃ 摇和10秒钟。

3. ┃ 将鸡尾酒过滤，倒入装满冰块的品酒杯。

4. ┃ 加入一根吸管，然后点缀装饰。

177

菊花（Chrysanthemum）

第3级

干味美思酒　班尼狄克汀甜烧酒　苦艾酒

 1片橙皮

6 滴 —
20 毫升 —
60 毫升 —

制作：

1. | 将鸡尾酒杯冷却。
2. | 把所有的配料倒入装满冰块的调酒杯。
3. | 调和15秒钟。
4. | 将鸡尾酒过滤，倒入酒杯，然后点缀装饰。

178

幸运草（Clover Leaf）

第1级

金酒　柠檬汁　蛋清　石榴糖浆

 1簇薄荷

15 毫升 —
15 毫升 —
25 毫升 —

制作：

1. | 将鸡尾酒杯冷却。
2. | 把所有的配料倒入摇酒壶。
3. | 不加冰摇和10秒钟。
4. | 加入冰块，再次摇和。
5. | 将鸡尾酒双重过滤，倒入酒杯，然后点缀装饰。

179

科布尔山（Cobble Hill）

第3级

黑麦威士忌　干味美思　意大利阿玛罗蒙特内罗酒　去皮黄瓜

 1片柠檬果皮

2 薄片 —
15 毫升 —
15 毫升 —
50 毫升 —

制作：

1. | 将鸡尾酒杯冷却。
2. | 把位于调酒杯底部的黄瓜捣碎。
3. | 将调酒杯装满冰块，然后倒入其他配料。
4. | 调和20秒钟。
5. | 将鸡尾酒双重过滤，倒入酒杯，然后点缀装饰。

180

咖啡（Coffee Cocktail）

第1级

波尔图甜红葡萄酒　干邑白兰地　单糖糖浆　鸡蛋

 肉豆蔻碎末

15 毫升 —
15 毫升 —
25 毫升 —
50 毫升 —

制作：

1. | 将鸡尾酒杯冷却。
2. | 把所有的配料倒入摇酒壶。
3. | 不加冰摇和10秒钟。
4. | 加入冰块，再次摇和。
5. | 将鸡尾酒双重过滤，倒入酒杯，然后点缀装饰。

鸡尾酒的300种
流 行 配 方

181

殖民地居民（Colonial）

第1级

金酒　西柚汁　马拉斯加酸樱桃酒

5 毫升
20 毫升
40 毫升

制作：

1.｜ 将鸡尾酒杯冷却。

2.｜ 把所有的配料倒入摇酒壶。

3.｜ 摇和10秒钟。

4.｜ 将鸡尾酒双重过滤，倒入酒杯。

182

海军准将（Commodore）

第2级

波旁威士忌酒　棕可可酒　柠檬汁　石榴糖浆

5 毫升
25 毫升
25 毫升
50 毫升

制作：

1.｜ 将鸡尾酒杯冷却。

2.｜ 把所有的配料倒入摇酒壶。

3.｜ 摇和15秒钟。

4.｜ 将鸡尾酒双重过滤，倒入酒杯。

183

大陆酸酒（Continental Sour）

第1级

波旁威士忌酒　柠檬汁　单糖糖浆　蛋清　波尔图甜红葡萄酒

制作：

1.｜ 把除了波尔图甜红葡萄酒之外的其他配料倒入摇酒壶。

2.｜ 不加冰摇和10秒钟。

3.｜ 加入冰块，再次摇和。

4.｜ 将鸡尾酒倒入装满冰块的古典杯中。

5.｜ 小心翼翼地将波尔图甜红葡萄酒倒入古典杯表面。

25 毫升
15 毫升
25 毫升
25 毫升
50 毫升

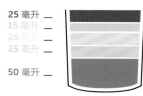

184

加冕礼1号（Coronation#1）

第2级

干味美思酒　菲诺雪莉酒　马拉斯加酸樱桃酒　苦橙酒

2 酹
10 毫升
30 毫升
30 毫升

制作：

1.｜ 将鸡尾酒杯冷却。

2.｜ 把所有的配料倒入装满冰块的调酒杯。

3.｜ 调和20秒钟。

4.｜ 将鸡尾酒过滤，倒入酒杯。

185

死而复生1号（Corpse Reviver #1） 第3级

干邑白兰地　卡尔瓦多斯酒　甜味美思酒

20 毫升 —
20 毫升 —
40 毫升 —

制作：

1. | 将鸡尾酒杯冷却。

2. | 把所有的配料倒入装满冰块的调酒杯。

3. | 调和20秒钟。

4. | 将鸡尾酒过滤，倒入酒杯。

186

结点（Crux） 第1级

干邑白兰地　干橙皮利口酒　杜本内红葡萄酒　柠檬汁

 1片柠檬果皮

25 毫升 —
25 毫升 —
25 毫升 —
25 毫升 —

制作：

1. | 将鸡尾酒杯冷却。

2. | 把所有的配料倒入摇酒壶。

3. | 摇和15秒钟。

4. | 将鸡尾酒双重过滤，倒入酒杯，点缀装饰。

187

路易斯安那（De La Louisiane） 第2级

黑麦鸡尾酒　红味美思酒　班尼狄克汀甜烧酒　北秀苦精　苦艾酒

 3颗糖渍樱桃

6 滴 —
2 酹 —
20 毫升 —
20 毫升 —
50 毫升 —

制作：

1. | 将鸡尾酒杯冷却。

2. | 把所有的配料倒入装满冰块的调酒杯。

3. | 调和20秒钟。

4. | 将鸡尾酒过滤，倒入酒杯，然后点缀装饰。

188

多维尔（Deauville） 第2级

干邑白兰地　卡尔瓦多斯酒　干橙皮利口酒　柠檬汁

25 毫升 —
25 毫升 —
25 毫升 —
25 毫升 —

制作：

1. | 将鸡尾酒杯冷却。

2. | 把所有的配料倒入摇酒壶。

3. | 摇和15秒钟。

4. | 将鸡尾酒双重过滤，倒入酒杯。

D

鸡尾酒的300种
流　行　配　方

189

可口酸酒（Delicious Sour）　　　　　　　第1级

`卡尔瓦多斯酒`　`桃子利口酒`　`柠檬汁`　`单糖糖浆`　`蛋清`

🍊 1/2片柠檬

15 毫升 —
25 毫升 —
25 毫升 —
10 毫升 —
50 毫升 —

制作：

1. ｜ 将鸡尾酒杯冷却。

2. ｜ 把所有配料倒入摇酒壶。

3. ｜ 不加冰摇和10秒钟。

4. ｜ 加入冰块，再次摇和。

5. ｜ 将鸡尾酒双重过滤，倒入酒杯，然后点缀装饰。

190

德尔马瓦（Delmarva）　　　　　　　第2级

`黑麦威士忌`　`白薄荷利口酒`　`干味美思酒`　`柠檬汁`

🍊 1簇薄荷

10 毫升 —
10 毫升 —
10 毫升 —
40 毫升 —

制作：

1. ｜ 将鸡尾酒杯冷却。

2. ｜ 把所有的配料倒入摇酒壶。

3. ｜ 摇和15秒钟。

4. ｜ 将鸡尾酒双重过滤，倒入酒杯，然后点缀装饰。

191

深水炸弹（Depth Bomb）　　　　　　　第2级

`干邑白兰地`　`卡尔瓦多斯酒`　`柠檬汁`　`石榴糖浆`

制作：

1. ｜ 把所有的配料倒入摇酒壶。

2. ｜ 摇和15秒钟。

3. ｜ 将鸡尾酒过滤，倒入装满冰块的古典杯。

10 毫升 —
20 毫升 —
30 毫升 —
30 毫升 —

192

德比（Derby）　　　　　　　第1级

`波旁威士忌酒`　`红味美思酒`　`干库拉索酒`　`青柠汁`

🍊 1簇薄荷

20 毫升 —
15 毫升 —
15 毫升 —
30 毫升 —

制作：

1. ｜ 将鸡尾酒杯冷却。

2. ｜ 把所有的配料倒入摇酒壶。

3. ｜ 摇和15秒钟。

4. ｜ 将鸡尾酒双重过滤，倒入酒杯，然后点缀装饰。

193

外交官（Diplomate） 第1级

干味美思酒 | 红味美思酒 | 马拉斯加酸樱桃酒 | 安格斯特拉苦精

 1颗糖渍樱桃，1片柠檬果皮

制作：

1. | 将鸡尾酒杯冷却。
2. | 把所有的配料倒入装满冰块的调酒杯。
3. | 调和20秒钟。
4. | 将鸡尾酒过滤，倒入酒杯，然后点缀装饰。

194

肮脏马提尼（Dirty Martini） 第2级

伏特加或金酒 | 干味美思 | 盐水橄榄

2颗橄榄

制作：

1. | 将鸡尾酒杯冷却。
2. | 把所有的配料倒入装满冰块的调酒杯。
3. | 调和20秒钟。
4. | 将鸡尾酒过滤，倒入酒杯，然后点缀装饰。

195

芬克医生（Doctor Funk） 第1级

波多黎各白朗姆酒 | 青柠汁 | 石榴糖浆 | 苦艾酒 | 起泡水

 1块青柠檬

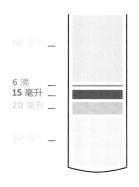

制作：

1. | 把除起泡水之外的其他配料倒入摇酒壶。
2. | 摇和5秒钟。
3. | 将鸡尾酒过滤，倒入装满冰块的高球杯，然后倒入起泡水。
4. | 加入一根吸管，然后点缀装饰。

196

道奇（Dodge） 第2级

金酒 | 干橙皮利口酒 | 西柚汁

制作：

1. | 将鸡尾酒杯冷却。
2. | 把所有的配料倒入摇酒壶。
3. | 摇和15秒钟。
4. | 将鸡尾酒双重过滤，倒入酒杯。

197

双份史密斯（Double Smith） 第2级

金酒　马拉斯加酸樱桃酒　浑浊苹果汁　青柠汁　单糖糖浆　金橘

 1段连刀片苹果，1/2金橘

制作：

1. | 把位于摇酒壶底部的金橘捣碎。

2. | 倒入其他配料。

3. | 摇和10秒钟。

4. | 将鸡尾酒过滤，倒入装满冰块的高球酒杯。

5. | 加入一根吸管，然后点缀装饰。

198

道哥拉斯·范朋克（Douglas Fairbanks） 第1级

金酒　杏子利口酒　青柠汁　蛋清

1片青柠果皮

制作：

1. | 将鸡尾酒杯冷却。

2. | 把所有配料倒入摇酒壶。

3. | 不加冰摇和10秒钟。

4. | 加入冰块，再次摇和。

5. | 将鸡尾酒双重过滤，倒入酒杯，然后点缀装饰。

199

杜本内（Dubonnet Cocktail） 第1级

杜本内红葡萄酒　金酒

1片柠檬果皮

制作：

1. | 将鸡尾酒杯冷却。

2. | 把所有的配料倒入装满冰块的调酒杯。

3. | 调和20秒钟。

4. | 将鸡尾酒过滤，倒入酒杯，然后点缀装饰。

200

格雷伯爵茶马提尼（Earl Grey Mar-tea-ni） 第2级

格雷伯爵茶泡金酒　柠檬汁　单糖糖浆　蛋清

1片柠檬果皮

制作：

1. | 将鸡尾酒杯冷却。

2. | 把所有配料倒入摇酒壶。

3. | 不加冰摇和10秒钟。

4. | 加入冰块，再次摇和。

5. | 将鸡尾酒双重过滤，倒入酒杯，然后点缀装饰。

201

东印度（East India Cocktail） 第3级

干邑白兰地　菠萝糖浆　干橙皮利口酒　干库拉索酒　安格斯特拉苦精

 1片柠檬果皮

```
2 酹
5 毫升
15 毫升
15 毫升

50 毫升
```

制作：

1. | 将鸡尾酒杯冷却。

2. | 把所有的配料倒入装满冰块的调酒杯。

3. | 调和20秒钟。

4. | 将鸡尾酒过滤，倒入酒杯，然后点缀装饰。

202

东方酸酒（Eastern Sour） 第1级

波旁威士忌酒　柠檬汁　橙汁　巴旦杏仁糖浆

 1/2片柠檬，1/2片橙子

```
20 毫升
20 毫升
50 毫升
```

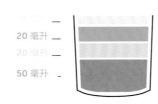

制作：

1. | 把所有的配料倒入摇酒壶。

2. | 摇和10秒钟。

3. | 将鸡尾酒过滤，倒入装满冰块的古典杯。

4. | 加入一根吸管，然后点缀装饰。

203

蛋奶（Eggnog） 6 第3级

鸡蛋　砂糖　液体奶油　牛乳　波旁威士忌酒　牙买加琥珀朗姆酒

 肉豆蔻碎末

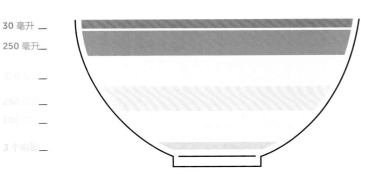

```
30 毫升
250 毫升

250 毫升
100 毫升

3 个鸡蛋
```

制作：

1. | 利用打蛋器，在宾治碗中将蛋黄和砂糖打匀。

2. | 在另外一个容器里，用电动搅拌器把蛋清打发，然后小心翼翼地将它与打好的蛋黄放在一起。

3. | 加入牛乳和乳油，小心进行搅拌。

4. | 加入酒精饮品，继续进行搅拌。

5. | 加入三十几块冰，用长柄勺进行搅拌。

6. | 将饮品倒入高脚玻璃杯中呈现。

7. | 在杯子表面撒一些肉豆蔻碎末。

鸡尾酒的300种
流 行 配 方

204

驴子（El Burro）

 第1级

墨西哥白龙舌兰酒　青柠汁　单糖糖浆　安格斯特拉苦精　姜汁啤酒

⊛ 1块青柠檬

制作：

1. | 把所有的配料倒入装满冰块的高球杯。

2. | 调和10秒钟。

3. | 加入一根吸管，然后点缀装饰。

80 毫升 —

2 酹 —
5 毫升 —
15 毫升 —

50 毫升 —

205

杀手悲歌（El Mariachi）

 第3级

微陈龙舌兰酒　阿哥维罗利口酒　柠檬汁　青柠汁　可可利口酒　芒果果泥
小红辣椒

⊛ 辣椒粉

制作：

1. | 鸡尾酒杯冷却。

2. | 把所有的配料倒入摇酒壶。

3. | 摇和15秒钟。

4. | 将鸡尾酒双重过滤，倒入酒杯，然后点缀装饰。

1/2 —
25 毫升 —
10 毫升 —
10 毫升 —
20 毫升 —
35 毫升 —

206

接骨木花玛格丽塔酒（Elderflower Margarita）

 第1级

墨西哥白龙舌兰酒　浑浊苹果汁　接骨木花甜饮料　青柠汁

⊛ 1簇红醋栗

制作：

1. | 鸡尾酒杯冷却。

2. | 把所有的配料倒入摇酒壶。

3. | 摇和10秒钟。

4. | 将鸡尾酒双重过滤，倒入酒杯，然后点缀装饰。

15 毫升 —
10 毫升 —
25 毫升 —

50 毫升 —

207

皇家使馆（Embassy Royal）

 第1级

干邑白兰地　牙买加琥珀朗姆酒　干橙皮利口酒　青柠汁　安格斯特拉苦精

⊛ 1块青柠檬

制作：

1. | 鸡尾酒杯冷却。

2. | 把所有的配料倒入摇酒壶。

3. | 摇和15秒钟。

4. | 将鸡尾酒双重过滤，倒入酒杯，然后点缀装饰。

1酹 —
20 毫升 —
15 毫升 —
25 毫升 —
25 毫升 —

208

英格兰乡村酷乐（English Country Cooler） 第2级

黄瓜　伏特加酒　金酒　柠檬汁　接骨木花甜饮料　单糖糖浆　起泡水

 1片黄瓜，1簇红醋栗

制作：

1. | 把位于摇酒壶底部的黄瓜捣碎。

2. | 倒入除了起泡水以外的其他配料。

3. | 摇和5秒钟。

4. | 将鸡尾酒双重过滤，倒入装满冰块的高球酒杯，然后倒入起泡水。

5. | 加入一根吸管，然后点缀装饰。

209

埃斯蒂斯（Estes） 第1级

微陈龙舌兰酒　香波堡利口酒　龙舌兰糖浆　蔓越莓汁　柠檬汁　覆盆子

 1片柠檬果皮，1个覆盆子

制作：

1. | 将高球杯底部的覆盆子和龙舌兰糖浆捣碎。

2. | 在杯子中放满碎冰块。

3. | 倒入其他的配料。

4. | 调和10秒钟。

5. | 加入两根吸管，然后点缀装饰。

210

堕落天使（Fallen Angel） 第1级

金酒　青柠汁　绿薄荷利口酒　安格斯特拉苦精

 1簇薄荷

制作：

1. | 将鸡尾酒杯冷却。

2. | 把所有的配料倒入摇酒壶。

3. | 摇和15秒钟。

4. | 将鸡尾酒双重过滤，倒入酒杯，然后点缀装饰。

211

花式金酒（Fancy Gin Cocktail） 第2级

金酒　单糖糖浆　干库拉索酒　安格斯特拉苦精

 1片柠檬果皮

制作：

1. | 鸡尾酒杯冷却。

2. | 把所有的配料倒入摇酒壶。

3. | 摇和10秒钟。

4. | 将鸡尾酒双重过滤，倒入酒杯，然后点缀装饰。

212

弗尔蒂旅馆酸酒（Fawlty Towers Sour） 第2级

石榴　罗勒　伏特加酒　意大利阿玛雷托酒　柠檬汁　香草糖浆

 1簇罗勒

制作：

1. | 把石榴粒、罗勒和糖浆在摇酒壶底部捣碎。

2. | 倒入其他的配料。

3. | 摇和10秒钟。

4. | 将鸡尾酒双重过滤，倒入装满冰块的古典酒杯。

5. | 点缀装饰。

```
10 毫升 —
20 毫升 —
10 毫升 —

50 毫升 —

6 片叶子 —
¼
```

213

鱼屋宾治（Fish House Punch） 👤6 🥣 第2级

干邑白兰地　牙买加琥珀朗姆酒　桃子利口酒　柠檬汁　单糖糖浆　凉红茶

6～8片柠檬

制作：

1. | 把所有配料倒入宾治碗中，加入三十几块冰。

2. | 加入柠檬片，然后用长柄勺进行搅拌。

3. | 将饮品倒入独立杯中呈现。

```
300 毫升—

90 毫升 —

150 毫升 —
60 毫升 —
90 毫升 —
200 毫升—
```

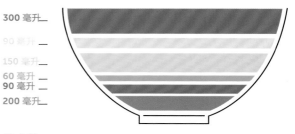

214

火烈鸟（Flamingo） 第1级

金酒　杏子利口酒　青柠汁　石榴糖浆

```
5 毫升 —
25 毫升 —
10 毫升 —
50 毫升 —
```

制作：

1. | 将鸡尾酒杯冷却。

2. | 把所有的配料倒入摇酒壶。

3. | 摇和15秒钟。

4. | 将鸡尾酒双重过滤，倒入酒杯。

215

覆盆子之花（Fleur De Framboise） 第1级

覆盆子果泥　紫罗兰利口酒　干橙皮利口酒　普罗塞科起泡酒

```
100 毫升—

10 毫升 —
5 毫升 —
20 毫升 —
```

制作：

| 把所有的配料倒入香槟杯中，小心翼翼地调和。

216

佛罗里达（Florida） 第1级

橙汁　西柚汁　柠檬汁　单糖糖浆　起泡水

 1/2片橙子

制作：

1. | 将所有配料倒入装满冰块的高球酒杯。

2. | 调和10秒钟。

3. | 加入一根吸管，然后点缀装饰。

40 毫升 ——
15 毫升 ——
15 毫升 ——

40 毫升 ——

40 毫升 ——

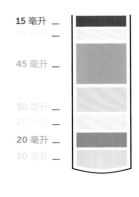

217

花商（Floridita） 第2级

古巴琥珀朗姆酒　棕可可酒　红味美思酒　干橙皮利口酒　石榴糖浆　青柠汁

 1块青柠檬

制作：

1. | 鸡尾酒杯冷却。

2. | 把所有的配料倒入摇酒壶。

3. | 摇和15秒钟。

4. | 将鸡尾酒双重过滤，倒入酒杯，然后点缀装饰。

20 毫升 ——
5 毫升 ——
5 毫升 ——
10 毫升 ——
10 毫升 ——
35 毫升 ——

218

雾刀（Fogcutter） 第3级

波多黎各白朗姆酒　干邑白兰地　金酒　柠檬汁　橙汁　巴旦杏仁糖浆
佩德罗西梅内斯甜葡萄酒

 1/2片橙子

制作：

1. | 把除了佩德罗西梅内斯甜葡萄酒以外的其他配料倒入摇酒壶中。

2. | 摇和10秒钟。

3. | 将鸡尾酒过滤，倒入装满冰块的高球酒杯。

4. | 加入一根吸管，然后点缀装饰。

5. | 把佩德罗西梅内斯甜葡萄酒小心翼翼地倒入高球酒杯表面。

15 毫升 ——
15 毫升 ——

45 毫升 ——

30 毫升 ——
20 毫升 ——

20 毫升 ——
20 毫升 ——

219

福特（Ford） 第2级

老汤姆金酒　干味美思酒　班尼狄克汀甜烧酒　苦橙酒

 1片橙皮

制作：

1. | 将鸡尾酒杯冷却。

2. | 把所有的配料倒入装满冰块的调酒杯。

3. | 调和20秒钟。

4. | 将鸡尾酒过滤，倒入酒杯，然后点缀装饰。

1 酊
5 毫升 ——

鸡尾酒的300种
流 行 配 方

220

法国时装（French Connection） 　　第1级

干邑白兰地　意大利阿玛雷托酒

制作：

1. | 将所有配料倒入装满冰块的古典酒杯。

2. | 调和10秒钟。

25 毫升 —

40 毫升 —

221

法式女仆装（French Maid） 　　第1级

黄瓜　薄荷　干邑白兰地　单糖糖浆　青柠汁　威尔维特法勒朗姆酒　姜汁啤酒

1簇薄荷，1片黄瓜

制作：

1. | 把位于摇酒壶底部的黄瓜捣碎。

2. | 加入薄荷和除了姜汁啤酒以外的其他配料。

3. | 摇和5秒钟。

4. | 将鸡尾酒双重过滤，倒入装满冰块的高球酒杯，然后倒入姜汁啤酒。

5. | 加入一根吸管，然后点缀装饰。

50 毫升 —
10 毫升 —
25 毫升 —
10 毫升 —
50 毫升 —
8 片叶子 —
4 薄片 —

222

法国春天宾治（French Spring Punch） 　　第1级

干邑白兰地　柠檬汁　单糖糖浆　黑加仑利口酒　香槟酒

3颗覆盆子

制作：

1. | 把除了香槟酒以外的其他配料倒入摇酒壶中。

2. | 摇和5秒钟。

3. | 将鸡尾酒过滤，倒入装满碎冰的高球酒杯，然后倒入香槟酒。

4. | 加入两根吸管，点缀装饰。

50 毫升 —
10 毫升 —
15 毫升 —
25 毫升 —
50 毫升 —

223

冻霜（Frosbite） 　　第1级

墨西哥白龙舌兰酒　白可可酒　液体奶油

肉豆蔻碎末

制作：

1. | 鸡尾酒杯冷却。

2. | 把所有的配料倒入摇酒壶。

3. | 摇和15秒钟。

4. | 将鸡尾酒双重过滤，倒入酒杯，然后点缀装饰。

30 毫升 —

40 毫升 —

224

佐治亚州薄荷朱丽普（Georgia Mint Julep） 第1级

薄荷　单糖糖浆　桃子利口酒　干邑白兰地

 1簇薄荷

50 毫升 —

10 毫升 —

5 毫升 —
8 片叶子 —

制作：

1. | 用双手拍打薄荷叶，放入朱丽普杯中。

2. | 将杯中放满碎冰，然后倒入其他的配料。

3. | 调和10秒钟。

4. | 加入两根吸管，然后点缀装饰。

225

吉普森（Gibson） 第2级

金酒　干味美思酒

 2个醋泡小洋葱

制作：

1. | 将鸡尾酒杯冷却。

2. | 把所有的配料倒入装满冰块的调酒杯。

3. | 调和20秒钟。

4. | 将鸡尾酒过滤，倒入酒杯，然后点缀装饰。

226

兼烈（Gimlet） 第1级

金酒　青柠甜饮料

1片青柠果皮

15 毫升 —

50 毫升 —

制作：

1. | 将鸡尾酒杯冷却。

2. | 把所有的配料倒入装满冰块的调酒杯。

3. | 调和20秒钟。

4. | 将鸡尾酒过滤，倒入酒杯，然后点缀装饰。

227

哈喽（Aloha） 第1级

金酒　干橙皮利口酒　菠萝汁　苦橙酒

1 酌 —
15 毫升 —
15 毫升 —

制作：

1. | 鸡尾酒杯冷却。

2. | 把所有的配料倒入摇酒壶。

3. | 摇和15秒钟。

4. | 将鸡尾酒双重过滤，倒入酒杯。

**鸡尾酒的300种
流 行 配 方**

228

金酒和它（Gin And It）　　　第1级

金酒　红味美思酒

40 毫升 ——
40 毫升 ——

制作：

1. | 将鸡尾酒杯冷却。

2. | 把所有的配料倒入装满冰块的调酒杯。

3. | 调和20秒钟。

4. | 将鸡尾酒过滤，倒入酒杯，然后点缀装饰。

229

金巴克（Gin Buck）　　　第1级

金酒　柠檬汁　姜汁汽水

🍊 1块柠檬

100 毫升——

15 毫升 ——
50 毫升 ——

制作：

1. | 把所有的配料倒入装满冰块的高球杯。

2. | 调和10秒钟。

3. | 加入一根吸管，然后点缀装饰。

230

金黛丝（Gin Daisy）　　　第1级

金酒　干橙皮利口酒　柠檬汁　石榴糖浆　起泡水

🍊 1/2片柠檬

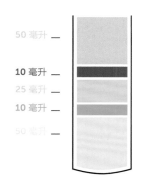

50 毫升 ——

10 毫升 ——
25 毫升 ——
10 毫升 ——
50 毫升 ——

制作：

1. | 把除起泡水之外的其他配料倒入摇酒壶。

2. | 摇和5秒钟。

3. | 将鸡尾酒过滤，倒入装满冰块的高球杯，然后倒入起泡水。

4. | 加入一根吸管，点缀装饰。

231

金姜骡子（Gin Gin Mule）　　　第1级

薄荷　青柠汁　单糖糖浆　金酒　姜汁啤酒

🍊 1块青柠檬

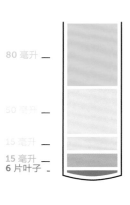

80 毫升 ——

50 毫升 ——

15 毫升 ——
15 毫升 ——
6 片叶子 ——

制作：

1. | 把薄荷混合青柠汁和糖浆在高球杯底部捣碎。

2. | 把杯子装满冰块，然后倒入其他的配料。

3. | 调和10秒钟。

4. | 加入一根吸管，然后点缀装饰。

232

金利克（Gin Rickey） 第1级

金酒　青柠汁　起泡水

 1片青柠檬

制作：

1. | 把所有的配料倒入装满冰块的高球杯。
2. | 调和10秒钟。
3. | 加入一根吸管，然后点缀装饰。

100 毫升 —

15 毫升 —

50 毫升 —

233

金桑加里（Gin Sangaree） 第1级

金酒　单糖糖浆　矿泉水　波尔图甜红葡萄酒

肉豆蔻碎末

制作：

1. | 把金酒、糖浆和水倒入装满冰块的古典杯。
2. | 调和10秒钟。
3. | 将波尔图甜红葡萄酒小心地倒入杯子表面。
4. | 点缀装饰。

20 毫升 —
40 毫升 —
15 毫升 —

234

吉卜赛女王（Gipsy Queen） 第1级

伏特加酒　班尼狄克汀甜烧酒　安格斯特拉苦精

1片柠檬果皮

制作：

1. | 将鸡尾酒杯冷却。
2. | 把所有的配料倒入装满冰块的调酒杯。
3. | 调和20秒钟。
4. | 将鸡尾酒过滤，倒入酒杯，然后点缀装饰。

2 酹
25 毫升 —
50 毫升 —

235

教父（God Father） 第1级

苏格兰鸡尾酒　意大利阿玛雷托酒

制作：

1. | 把所有的配料倒入装满冰块的古典杯。
2. | 调和10秒钟。

25 毫升 —
50 毫升 —

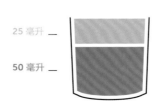

鸡尾酒的300种
流 行 配 方

236

教母

第1级

伏特加酒　意大利阿玛雷托酒

制作：

1. ｜ 把所有的配料倒入装满冰块的古典杯。

2. ｜ 调和10秒钟。

25 毫升 ——

50 毫升 ——

237

黄金梦想（Golden Dream）

第1级

加利亚诺利口酒　干橙皮利口酒　橙汁　液体奶油

制作：

1. ｜ 将鸡尾酒杯冷却。

2. ｜ 把所有的配料倒入摇酒壶。

3. ｜ 摇和15秒钟。

4. ｜ 将鸡尾酒双重过滤，倒入酒杯。

15 毫升 ——
25 毫升 ——
25 毫升 ——
25 毫升 ——

238

蚱蜢（Grasshopper）

第1级

绿薄荷利口酒　白可可酒　液体奶油

制作：

1. ｜ 将鸡尾酒杯冷却。

2. ｜ 把所有的配料倒入摇酒壶。

3. ｜ 摇和15秒钟。

4. ｜ 将鸡尾酒双重过滤，倒入酒杯。

30 毫升 ——
30 毫升 ——

30 毫升 ——

239

绿帽子（Green Hat）

第2级

方糖　安格斯特拉苦精　起泡水　黑麦威士忌　绿查尔特勒酒

 1片柠檬果皮

制作：

1. ｜ 用苦精将方糖浸透，放入古典杯中。

2. ｜ 加入起泡水，将糖捣碎，从而使糖溶化。

3. ｜ 将杯中放满冰块。

4. ｜ 倒入威士忌，调和15秒钟。

5. ｜ 点缀装饰。

6. ｜ 将绿查尔特勒酒倒入杯子表面。

5 毫升 ——

50 毫升 ——

5 毫升 ——
2 醇 ——
1 方 ——

240

灰猎犬（Greyhound） 第1级

金酒 西柚汁

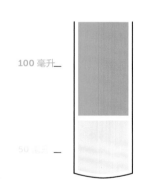 1块西柚

制作：

1. | 把所有的配料倒入装满冰块的高球杯。

2. | 调和10秒钟。

3. | 加入一根吸管，然后点缀装饰。

241

哈莉·贝瑞马提尼（Halle Berry Martini） 第1级

覆盆子 桑葚 伏特加酒 香波堡利口酒 青柠汁 浑浊苹果汁

1颗桑葚

制作：

1. | 鸡尾酒杯冷却。

2. | 将红色水果放入摇酒壶底部捣碎。

3. | 把其他的配料倒入摇酒壶。

4. | 摇和15秒钟。

5. | 将鸡尾酒双重过滤，倒入酒杯，然后点缀装饰。

242

哈佛（Harvard） 第2级

干邑白兰地 红味美思酒 安格斯特拉苦精

1片橙皮

制作：

1. | 将鸡尾酒杯冷却。

2. | 把所有的配料倒入装满冰块的调酒杯。

3. | 调和20秒钟。

4. | 将鸡尾酒过滤，倒入酒杯，然后点缀装饰。

243

夏薇华饼屋（Harvey Wallbanger） 第1级

伏特加酒 加利亚诺利口酒 橙汁

1片橙子

制作：

1. | 把所有的配料倒入装满冰块的高球杯。

2. | 调和10秒钟。

3. | 加入一根吸管，然后点缀装饰。

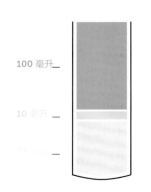

**鸡尾酒的300种
流行配方**

244

蜜月（Honeymoon）

 第2级

卡尔瓦多斯酒　柠檬汁　班尼狄克汀甜烧酒　干库拉索酒

制作：

10 毫升 —
10 毫升 —
20 毫升 —
40 毫升 —

1. | 鸡尾酒杯冷却。

2. | 把所有的配料倒入摇酒壶。

3. | 摇和15秒钟。

4. | 将鸡尾酒双重过滤，倒入酒杯。

245

金银花（Honeysuckle）

 第1级

古巴琥珀朗姆酒　青柠汁　蜂蜜糖浆

 1块青柠檬

制作：

15 毫升 —
25 毫升 —
50 毫升 —

1. | 鸡尾酒杯冷却。

2. | 把所有的配料倒入摇酒壶。

3. | 摇和15秒钟。

4. | 将鸡尾酒双重过滤，倒入酒杯。

246

檀香山（Honolulu）

 第1级

金酒　橙汁　菠萝汁　柠檬汁　单糖糖浆

 1块菠萝

制作：

10 毫升 —
10 毫升 —
15 毫升 —
15 毫升 —
50 毫升 —

1. | 将鸡尾酒杯冷却。

2. | 把所有的配料倒入摇酒壶。

3. | 摇和15秒钟。

4. | 将鸡尾酒双重过滤，倒入酒杯，然后点缀装饰。

247

黄油热朗姆酒（Hot Buttered Rum）

第3级

甜黄油　单糖糖浆　调味丁香　牙买加琥珀朗姆酒　热水

1段甘蔗，肉豆蔻碎末

制作：

50 毫升 —
50 毫升 —
3 —
15 毫升 —
10 克 —

1. | 将变软的黄油、单糖糖浆和调味丁香放到杯子底部。

2. | 倒入朗姆酒，调和15秒钟。

3. | 加入热水，再次搅拌，以便让黄油完全溶化。

4. | 点缀装饰。

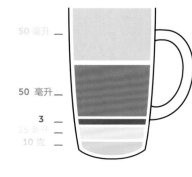

248

瓢风（Hurricane） 第2级

牙买加琥珀朗姆酒 | 古巴白朗姆酒 | 青柠汁 | 橙汁 | 西番莲汁 | 石榴糖浆

 1片橙子

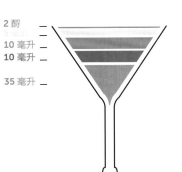

10 毫升 —
30 毫升 —
30 毫升 —
15 毫升 —
30 毫升 —
30 毫升 —

制作：

1. | 把所有的配料倒入摇酒壶。

2. | 摇和5秒钟。

3. | 将鸡尾酒过滤，倒入装满碎冰的飓风酒杯。

4. | 加入两根吸管，然后点缀装饰

249

所得税（Income Tax Cocktail） 第2级

金酒 | 干味美思酒 | 红味美思酒 | 橙汁 | 安格斯特拉苦精

 1/2片橙子

1 酹 —
20 毫升 —
20 毫升 —
—
—

制作：

1. | 将鸡尾酒杯冷却。

2. | 把所有的配料倒入摇酒壶。

3. | 摇和10秒钟。

4. | 将鸡尾酒双重过滤，倒入酒杯，然后点缀装饰。

250

爱尔兰美人鱼（Irish Mermaid） 第3级

爱尔兰威士忌 | 樱桃利口酒 | 阿贝罗开胃酒 | 巴旦杏仁糖浆 | 安格斯特拉苦精

 3颗糖渍樱桃，1片橙子果皮

2 酹 —
—
10 毫升 —
10 毫升 —
35 毫升 —

制作：

1. | 将鸡尾酒杯冷却。

2. | 把所有的配料倒入摇酒壶。

3. | 将鸡尾酒来回抛接7～8次。

4. | 将鸡尾酒过滤，倒入酒杯，然后点缀装饰。

251

雅莫拉（Ja-Mora） 第1级

伏特加酒 | 香波堡利口酒 | 橙汁 | 浑浊苹果汁 | 香槟酒

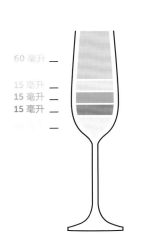 1颗覆盆子

60 毫升 —
15 毫升 —
15 毫升 —
15 毫升 —

制作：

1. | 把除了香槟酒以外的其他配料倒入摇酒壶中。

2. | 摇和5秒钟。

3. | 将鸡尾酒双重过滤，倒入香槟酒杯，然后倒入香槟酒。

4. | 点缀装饰。

鸡尾酒的300种
流 行 配 方

252

杰克·柯林斯（Jack Collins） 第1级

卡尔瓦多斯酒 柠檬汁 单糖糖浆 起泡水

 1片柠檬，1颗糖渍樱桃

制作：

1. | 把所有的配料倒入装满冰块的高球杯。

2. | 调和10秒钟。

3. | 加入一根吸管，然后点缀装饰。

100 毫升 ——

25 毫升 ——

25 毫升 ——

50 毫升 ——

253

杰克露丝（Jack Rose） 第1级

卡尔瓦多斯酒 柠檬汁 石榴糖浆

 1/2片柠檬

制作：

1. | 将鸡尾酒杯冷却。

2. | 把所有的配料倒入摇酒壶。

3. | 摇和15秒钟。

4. | 将鸡尾酒双重过滤，倒入酒杯，然后点缀装饰。

15 毫升 ——
25 毫升 ——

50 毫升 ——

254

海兹基贝山脉（Jaizkibel） 第1级

金酒 金巴利利口酒 西柚汁 青柠汁

5 毫升 ——
25 毫升 ——
15 毫升 ——
50 毫升 ——

制作：

1. | 将鸡尾酒杯冷却。

2. | 把所有的配料倒入摇酒壶。

3. | 摇和15秒钟。

4. | 将鸡尾酒双重过滤，倒入酒杯。

255

牙买加骡子（Jamaican Mule） 第1级

去皮生姜 辛辣朗姆酒 青柠汁 安格斯特拉苦精 姜汁啤酒

 1片去皮姜片，1块青柠檬

制作：

1. | 把位于摇酒壶底部的生姜捣碎。

2. | 加入除了姜汁啤酒以外的其他配料。

3. | 摇和5秒钟。

4. | 将鸡尾酒双重过滤，倒入装满冰块的高球酒杯，然后倒入姜汁啤酒。

5. | 加入一根吸管，然后点缀装饰。

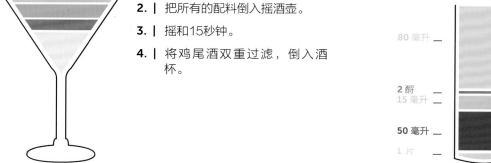

80 毫升 ——

2 酹 ——
15 毫升 ——

50 毫升 ——

1 片 ——

256

泽西（Jersey）  第1级

方糖 卡尔瓦多斯酒 安格斯特拉苦精 干苹果酒

1片柠檬果皮

80 毫升 —

2 酹
25 毫升 —
1 匀

制作：

1. | 用苦精将方糖浸透。

2. | 将糖放入香槟杯。

3. | 加入其他配料。

4. | 点缀装饰。

257

赛马俱乐部（Jockey Club） 第2级

金酒 意大利阿玛雷托酒 柠檬汁 苦橙酒

1 酹
25 毫升
15 毫升

制作：

1. | 将鸡尾酒杯冷却。

2. | 把所有的配料倒入摇酒壶。

3. | 摇和15秒钟。

4. | 将鸡尾酒双重过滤，倒入酒杯。

258

朱庇特（Jupiter） 第3级

金酒 干味美思酒 紫罗兰香甜利口酒 柠檬汁

10 毫升 —
10 毫升 —
25 毫升
50 毫升

制作：

1. | 将鸡尾酒杯冷却。

2. | 把所有的配料倒入摇酒壶。

3. | 摇和15秒钟。

4. | 将鸡尾酒双重过滤，倒入酒杯。

259

神风队（Kamikaze） 第1级

伏特加酒 干橙皮利口酒 青柠汁

1块青柠檬

20 毫升 —
20 毫升 —

制作：

1. | 鸡尾酒杯冷却。

2. | 把所有的配料倒入摇酒壶。

3. | 摇和15秒钟。

4. | 将鸡尾酒双重过滤，倒入酒杯，然后点缀装饰。

鸡尾酒的300种
流 行 配 方

260

肯塔基陆军上校（Kentucky Colonel）

第1级

波旁威士忌酒　班尼狄克汀甜烧酒

1片柠檬果皮

制作：

1. ｜ 鸡尾酒杯冷却。

2. ｜ 把所有的配料倒入装满冰块的摇酒壶。

3. ｜ 摇和15秒钟。

4. ｜ 将鸡尾酒过滤，倒入酒杯，然后点缀装饰。

20 毫升 —
50 毫升 —

261

皇家科尔（Kir Royal）

第2级

黑加仑利口酒　香槟酒

制作：

｜ 先将黑加仑利口酒倒入香槟杯中，然后加入香槟酒。

100 毫升 —
15 毫升 —

262

灯笼裤（Knickerbocker）

第1级

古巴琥珀朗姆酒　干橙皮利口酒　柠檬汁　橙汁　覆盆子糖浆

1/2 片柠檬

制作：

1. ｜ 将鸡尾酒杯冷却。

2. ｜ 把所有的配料倒入摇酒壶。

3. ｜ 摇和15秒钟。

4. ｜ 将鸡尾酒双重过滤，倒入酒杯，然后点缀装饰。

10 毫升 —
20 毫升 —
25 毫升 —
10 毫升 —
50 毫升 —

263

蟑螂（La Cucaracha）

第2级

微陈龙舌兰酒　阿哥维罗利口酒　西番莲　青柠汁　香草糖浆　浑浊苹果汁

1段连刀片苹果

制作：

1. ｜ 把所有的配料倒入装满碎冰的高球杯。

2. ｜ 调和10秒钟。

3. ｜ 加入两根吸管，然后点缀装饰。

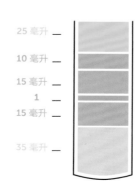

25 毫升 —
10 毫升 —
15 毫升 —
1 —
15 毫升 —
35 毫升 —

264

女杀手（Lady Killer）

金酒　干橙皮利口酒　杏子利口酒　菠萝汁　西番莲汁

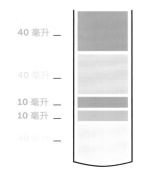 1块青柠檬

制作：

1. | 把所有的配料倒入装满冰块的高球杯。
2. | 调和10秒钟。
3. | 加入一根吸管，然后点缀装饰。

40 毫升 —
40 毫升 —
10 毫升 —
10 毫升 —
40 毫升 —

265

留给我（Leave It To Me）

第1级

金酒　杏子利口酒　干味美思酒　柠檬汁　石榴糖浆

制作：

1. | 将鸡尾酒杯冷却。
2. | 把所有的配料倒入摇酒壶。
3. | 摇和15秒钟。
4. | 将鸡尾酒双重过滤，倒入酒杯。

5 毫升 —
15 毫升 —
10 毫升 —

266

柠檬糖（Lemon Drop）

第1级

柠檬伏特加酒　干橙皮利口酒　柠檬汁　单糖糖浆

 1片柠檬果皮

制作：

1. | 将鸡尾酒杯冷却。
2. | 把所有的配料倒入摇酒壶。
3. | 摇和15秒钟。
4. | 将鸡尾酒双重过滤，倒入酒杯，然后点缀装饰。

5 毫升 —
20 毫升 —
20 毫升 —
40 毫升 —

267

小意大利（Little Italy）

第2级

黑麦鸡尾酒　红味美思酒　西娜尔苦酒

 2颗糖渍樱桃

制作：

1. | 将鸡尾酒杯冷却。
2. | 把所有的配料倒入装满冰块的调酒杯。
3. | 调和20秒钟。
4. | 将鸡尾酒过滤，倒入酒杯，然后点缀装饰。

15 毫升 —
25 毫升 —
50 毫升 —

鸡尾酒的300种
流 行 配 方

268

长岛冰茶（Long Island Iced Tea） 第1级

古巴白朗姆酒　伏特加酒　金酒　白龙舌兰酒　干橙皮利口酒　柠檬汁　可口可乐

🍋 1片柠檬

制作：

1. | 把除了可口可乐以外的其他配料倒入摇酒壶中。

2. | 摇和5秒钟。

3. | 将鸡尾酒双重过滤，倒入装满冰块的高球酒杯，然后倒入可口可乐。

4. | 加入一根吸管，然后点缀装饰。

80 毫升 —

15 毫升 —
10 毫升 —
10 毫升 —
10 毫升 —
10 毫升 —
10 毫升 —

269

大杯春季嘉年华（Long Spring Fling） 第1级

伏特加酒　杏子利口酒　浑浊苹果汁　巴旦杏仁糖浆　柠檬汁　蛋清

🍋 1块柠檬，1簇薄荷

制作：

1. | 将鸡尾酒杯冷却。

2. | 把所有的配料倒入摇酒壶。

3. | 不加冰摇和10秒钟。

4. | 加入冰块，再次进行摇和。

5. | 把所有的配料倒入装满冰块的高球杯。

6. | 加入一根吸管，然后点缀装饰。

15 毫升 —
15 毫升 —
10 毫升 —

50 毫升 —

10 毫升 —

50 毫升 —

270

路易特制（Louis Special） 第3级

金酒　红味美思酒　橙汁　果核利口酒　干库拉索酒　安格斯特拉苦精

🍋 1片柠檬果皮

制作：

1. | 将鸡尾酒杯冷却。

2. | 把所有的配料倒入装满冰块的调酒杯。

3. | 调和20秒钟。

4. | 将鸡尾酒过滤，倒入酒杯，然后点缀装饰。

2 酹 —
5 毫升 —
5 毫升 —
30 毫升 —
30 毫升 —
30 毫升 —

271

少女的羞涩（Maiden's Blush） 第1级

金酒　柠檬汁　干橙皮利口酒　石榴糖浆

制作：

1. | 将鸡尾酒杯冷却。

2. | 把所有的配料倒入摇酒壶。

3. | 摇和15秒钟。

4. | 将鸡尾酒双重过滤，倒入酒杯。

5 毫升 —
15 毫升 —
20 毫升 —
40 毫升 —

272

玛丽·碧克馥（Mary Pickford） 第1级

古巴白朗姆酒　菠萝汁　马拉斯加酸樱桃酒　石榴糖浆

 1颗糖渍樱桃

制作：

1. ｜ 将鸡尾酒杯冷却。

2. ｜ 把所有的配料倒入摇酒壶。

3. ｜ 摇和15秒钟。

4. ｜ 将鸡尾酒双重过滤，倒入酒杯，然后点缀装饰。

273

斗牛士（Matador） 第1级

白龙舌兰酒　菠萝汁　青柠汁

1块青柠檬

制作：

1. ｜ 将鸡尾酒杯冷却。

2. ｜ 把所有的配料倒入摇酒壶。

3. ｜ 摇和15秒钟。

4. ｜ 将鸡尾酒双重过滤，倒入酒杯，然后点缀装饰。

274

墨西哥55（Mexican 55） 第2级

微陈龙舌兰酒　青柠汁　单糖糖浆　安格斯特拉苦精　香槟酒

1块青柠檬

制作：

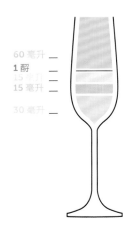

1. ｜ 把除了香槟酒以外的其他配料倒入摇酒壶中。

2. ｜ 摇和5秒钟。

3. ｜ 将鸡尾酒双重过滤，倒入香槟酒杯，然后倒入香槟酒。

4. ｜ 点缀装饰。

275

墨西哥咖啡（Mexican Coffee） 第3级

微陈龙舌兰酒　咖啡利口酒　淡式咖啡　液体奶油

制作：

1. ｜ 预先加热红葡萄酒杯。

2. ｜ 用不锈钢酒壶加热龙舌兰酒和利口酒。

3. ｜ 利用加热的时间，准备一杯淡式咖啡。

4. ｜ 在杯中倒入龙舌兰、利口酒混合后的饮品，然后加入咖啡。

5. ｜ 在摇酒壶里，不加冰摇和液体奶油20秒钟。

6. ｜ 将起泡奶油小心翼翼地倒入红葡萄酒杯的表面。

鸡尾酒的300种
流 行 配 方

276

墨西哥啤酒（Michelada） 第2级

青柠汁　伍斯特郡调味汁　塔巴斯科辣酱　磨胡椒粉　西芹盐　金色啤酒

1块青柠檬

200 毫升

1 小撮
3 圈
1 酹
3 酹
10 毫升

制作：

1. | 把所有的配料倒入装满冰块的高球杯。

2. | 小心地进行调和。

3. | 点缀装饰。

277

牛乳宾治（Milk Punch） 第1级

干邑白兰地　牙买加琥珀朗姆酒　牛乳　液体奶油　香草糖浆

肉豆蔻碎末

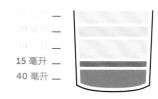

15 毫升
40 毫升

制作：

1. | 把所有的配料倒入摇酒壶。

2. | 摇和15秒钟。

3. | 将鸡尾酒过滤，倒入装满冰块的古典酒杯。

4. | 点缀装饰。

278

百万富翁4号（Millionaire #4） 第2级

牙买加琥珀朗姆酒　黑刺李金酒　杏子利口酒　青柠汁

1块青柠檬

30 毫升
15 毫升
25 毫升

50 毫升

制作：

1. | 将鸡尾酒杯冷却。

2. | 把所有的配料倒入摇酒壶。

3. | 摇和15秒钟。

4. | 将鸡尾酒双重过滤，倒入酒杯，然后点缀装饰。

279

蒙特哥海湾（Montego bay） 第1级

牙买加琥珀朗姆酒　青柠汁　西柚汁　蜂蜜糖浆　甜椒味利口酒　安格斯特拉苦精
苦艾酒

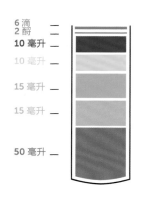

6 滴
2 酹
10 毫升

10 毫升

15 毫升

15 毫升

50 毫升

制作：

1. | 将所有配料倒入搅拌机，并添加6～8块冰。

2. | 用最大速度搅拌30秒。

3. | 倒入高球杯中，加入两根吸管。

280

牵牛花菲兹（Morning Glory Fizz） 第2级

`苏格兰威士忌` `柠檬汁` `单糖糖浆` `蛋清` `苦艾酒` `起泡水`

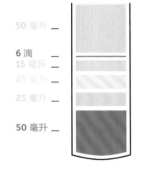 1/2片橙子

制作：

1. | 把除了起泡水以外其他的配料倒入摇酒壶。

2. | 摇和10秒钟。

3. | 将鸡尾酒过滤，倒入放满冰块的高球酒杯，然后加入起泡水。

4. | 加入一根吸管，然后点缀装饰。

281

山岳（Mountain） 第2级

`黑麦威士忌` `红味美思酒` `干味美思酒` `柠檬汁` `蛋清`

制作：

1. | 将鸡尾酒杯冷却。

2. | 把所有的配料倒入摇酒壶。

3. | 不加冰摇和10秒钟。

4. | 加入冰块，再次进行摇和。

5. | 将鸡尾酒双重过滤，倒入酒杯。

282

慕兰潭代基里（Mulata Daiquiri） 第1级

`古巴琥珀朗姆酒` `棕可可酒` `青柠汁`

 1块青柠檬

制作：

1. | 将鸡尾酒杯冷却。

2. | 把所有的配料倒入摇酒壶。

3. | 摇和15秒钟。

4. | 将鸡尾酒双重过滤，倒入酒杯，然后点缀装饰。

283

国民（National） 第1级

`古巴白朗姆酒` `杏子利口酒` `青柠汁`

 1块青柠檬

制作：

1. | 将鸡尾酒杯冷却。

2. | 把所有的配料倒入摇酒壶。

3. | 摇和15秒钟。

4. | 将鸡尾酒双重过滤，倒入酒杯，然后点缀装饰。

鸡尾酒的300种
流 行 配 方

284

海军格罗格（Navy Grog） 第3级

波多黎各白朗姆酒　牙买加琥珀朗姆酒　德梅拉拉琥珀朗姆酒　蜂蜜糖浆　青柠汁
西柚汁　起泡水

制作：

1. | 把除了起泡水以外其他的配料倒入摇酒壶。

2. | 摇和10秒钟。

3. | 将鸡尾酒过滤，倒入放满冰块的古典杯。

4. | 将杯中倒满起泡水，加入一根吸管。

20 毫升 —
20 毫升 —
20 毫升 —
25 毫升 —
25 毫升 —
25 毫升 —
25 毫升 —

285

纽约酸酒（New York Sour） 第1级

波旁威士忌酒　柠檬汁　单糖糖浆　蛋清　红葡萄酒

制作：

1. | 把除了红葡萄酒以外其他的配料倒入摇酒壶。

2. | 不加冰摇和10秒钟。

3. | 加入冰块，再次进行摇和。

4. | 将鸡尾酒过滤，倒入放满冰块的古典杯。

5. | 将红葡萄酒小心翼翼地倒入杯子表面。

25 毫升 —
15 毫升 —
25 毫升 —
25 毫升 —
50 毫升 —

286

纽约客（New Yorker） 第1级

黑麦威士忌　青柠汁　石榴糖浆

制作：

1. | 将鸡尾酒杯冷却。

2. | 把所有的配料倒入摇酒壶。

3. | 摇和15秒钟。

4. | 将鸡尾酒双重过滤，倒入酒杯。

15 毫升 —
25 毫升 —
50 毫升 —

287

日本冬季马提尼（Nippon Winter Martini） 第3级

伏特加酒　覆盆子果泥　罗汉橙汁　紫苏

✳ 1段连刀片苹果

制作：

1. | 将鸡尾酒杯冷却。

2. | 把所有的配料倒入摇酒壶。

3. | 摇和15秒钟。

4. | 将鸡尾酒双重过滤，倒入酒杯，然后点缀装饰。

1 片叶子 —
15 毫升 —
25 毫升 —
50 毫升 —

288

无名（No Name） 第3级

黑麦威士忌　阿贝罗开胃酒　意大利阿玛罗阿韦纳酒　苦艾酒

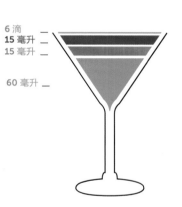

6 滴 —
15 毫升 —
15 毫升 —

60 毫升 —

制作：

1. | 将鸡尾酒杯冷却。

2. | 把所有的配料倒入装满冰块的
调酒杯。

3. | 调和20秒钟。

4. | 将鸡尾酒过滤，倒入酒杯。

289

原子核代基里（Nuclear Daiquiri） 第2级

牙买加白朗姆烈酒　绿查尔特勒酒　威尔维特法勒朗姆酒　青柠汁

⊛ 1块青柠檬

25 毫升 —

25 毫升 —

25 毫升 —

制作：

1. | 将鸡尾酒杯冷却。

2. | 把所有的配料倒入摇酒壶。

3. | 摇和20秒钟。

4. | 将鸡尾酒双重过滤，倒入酒
杯，然后点缀装饰。

290

瓦哈卡老式（Oaxaca Old Fashioned） 第2级

微陈龙舌兰酒　梅斯卡尔酒　龙舌兰糖浆　安格斯特拉苦精

⊛ 1片橙皮

2 酹 —
5 毫升 —
10 毫升 —

40 毫升 —

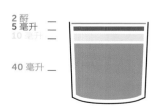

制作：

1. | 把所有的配料倒入装满冰块的
调酒杯。

2. | 调和20秒钟。

3. | 将鸡尾酒过滤，倒入装满冰块
的古典酒杯。

4. | 点缀装饰。

291

奥林匹克（Olympic） 第1级

干邑白兰地　干橙皮利口酒　橙汁

20 毫升 —

20 毫升 —

50 毫升 —

制作：

1. | 将鸡尾酒杯冷却。

2. | 把所有的配料倒入摇酒壶。

3. | 摇和15秒钟。

4. | 将鸡尾酒双重过滤，倒入酒
杯。

鸡尾酒的300种
流行配方

292

香橙花（Orange Blossom） 第1级

金酒　橙汁

40 毫升 —

40 毫升 —

制作：

1. | 将鸡尾酒杯冷却。
2. | 把所有的配料倒入摇酒壶。
3. | 摇和10秒钟。
4. | 将鸡尾酒双重过滤，倒入酒杯。

293

镇痛剂（Painkiller） 第1级

海军朗姆酒　椰子奶油　橙汁　菠萝汁

1/2片橙子，肉豆蔻碎末

50 毫升 —

25 毫升 —

25 毫升 —

50 毫升 —

制作：

1. | 将所有配料倒入搅拌机，并添加6～8块冰。
2. | 用最大速度搅拌30秒。
3. | 倒入高球酒杯中。
4. | 插入两根吸管，然后点缀装饰。

294

棕榈海滩特制（Palm Beach Special） 第2级

金酒　红味美思酒　西柚汁

20 毫升 —
20 毫升 —

50 毫升 —

制作：

1. | 将鸡尾酒杯冷却。
2. | 把所有的配料倒入摇酒壶。
3. | 摇和15秒钟。
4. | 将鸡尾酒双重过滤，倒入酒杯。

295

天堂（Paradise） 第1级

金酒　杏子利口酒　橙汁　柠檬汁

10 毫升 —
25 毫升 —
15 毫升 —

30 毫升 —

制作：

1. | 将鸡尾酒杯冷却。
2. | 把所有的配料倒入摇酒壶。
3. | 摇和15秒钟。
4. | 将鸡尾酒双重过滤，倒入酒杯。

296

公园大道（Park Avenue） 第1级

金酒　红味美思酒　干库拉索酒　菠萝汁

制作：

1. | 将鸡尾酒杯冷却。
2. | 把所有的配料倒入摇酒壶。
3. | 摇和15秒钟。
4. | 将鸡尾酒双重过滤，倒入酒杯。

297

勃固俱乐部（Pegu Club） 第1级

金酒　干橙皮利口酒　青柠汁　安格斯特拉苦精

 1块青柠檬

制作：

1. | 将鸡尾酒杯冷却。
2. | 把所有的配料倒入摇酒壶。
3. | 摇和15秒钟。
4. | 将鸡尾酒双重过滤，倒入酒杯，然后点缀装饰。

298

完美蒙特卡洛（Perfect Monte Carlo） 第2级

黑麦威士忌　红味美思酒　班尼狄克汀甜烧酒　苦橙酒　安格斯特拉苦精

制作：

1. | 将鸡尾酒杯冷却。
2. | 把所有的配料倒入装满冰块的调酒杯。
3. | 调和20秒钟。
4. | 将鸡尾酒过滤，倒入酒杯。

299

提神（Pick Me Up） 第1级

干邑白兰地　柠檬汁　石榴糖浆　香槟酒

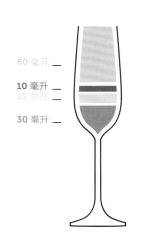

制作：

1. | 把除了香槟酒以外的其他配料倒入摇酒壶中。
2. | 摇和5秒钟。
3. | 将鸡尾酒双重过滤，倒入香槟酒杯，然后倒入香槟酒。

**鸡尾酒的300种
流行配方**

300

彼功宾治（Picon Punch） 第2级

彼功苦酒　石榴糖浆　起泡水　干邑白兰地

 1片柠檬果皮

30 毫升 —
60 毫升 —
10 毫升 —
60 毫升 —

制作：

1. | 将苦酒和石榴糖浆倒入装满冰块的高球杯。

2. | 调和10秒钟。

3. | 加入起泡水，再次进行搅拌。

4. | 加入一根吸管，然后点缀装饰。

5. | 把干邑白兰地小心地倒入酒杯表层。

301

粉红金酒（Pink Gin） 第2级

安格斯特拉苦精　金酒

50 毫升 —

2 酹 —

制作：

1. | 将鸡尾酒杯冷却。

2. | 把所有的配料倒入装满冰块的调酒杯。

3. | 调和20秒钟。

4. | 将鸡尾酒过滤，倒入酒杯。

302

粉红女郎（Pink Lady） 第2级

金酒　柠檬汁　石榴糖浆　蛋清

 1颗糖渍樱桃

15 毫升 —
15 毫升 —
25 毫升 —
50 毫升 —

制作：

1. | 将鸡尾酒杯冷却。

2. | 把所有的配料倒入摇酒壶。

3. | 不加冰摇和10秒钟。

4. | 加入冰块，再次进行摇和。

5. | 将鸡尾酒双重过滤，倒入酒杯，点缀装饰。

303

皮斯科宾治（Pisco Punch） 第2级

皮斯科白兰地　柠檬汁　菠萝糖浆

 1块菠萝

15 毫升 —
25 毫升 —
50 毫升 —

制作：

1. | 将鸡尾酒杯冷却。

2. | 把所有的配料倒入摇酒壶。

3. | 摇和15秒钟。

4. | 将鸡尾酒双重过滤，倒入酒杯，然后点缀装饰。

304

种植园（Plantation） 第1级

牙买加琥珀朗姆酒　柠檬汁　橙汁

25 毫升 —
25 毫升 —
50 毫升 —

制作：

1. | 将鸡尾酒杯冷却。

2. | 把所有的配料倒入摇酒壶。

3. | 摇和15秒钟。

4. | 将鸡尾酒双重过滤，倒入酒杯。

305

波兰公司（Polish Kumpanion） 第2级

水牛草伏特加　橙汁　青柠汁　单糖糖浆　金橘　罗勒叶　西番莲

 1/2金橘

¹/₂
2
2
10 毫升
25 毫升
50 毫升

制作：

1. | 将鸡尾酒杯冷却。

2. | 把金橘放入摇酒壶底部，然后捣碎。

3. | 把其他的配料倒入摇酒壶。

4. | 摇和15秒钟。

5. | 将鸡尾酒双重过滤，倒入酒杯，然后点缀装饰。

306

波兰马提尼（Polish Martini） 第1级

水牛草伏特加　波兰伏特加酒　克鲁普尼克利口酒　混浊苹果汁

 3片苹果

25 毫升 —
25 毫升 —
25 毫升 —
25 毫升 —

制作：

1. | 将鸡尾酒杯冷却。

2. | 把所有的配料倒入摇酒壶。

3. | 摇和15秒钟。

4. | 将鸡尾酒双重过滤，倒入酒杯，然后点缀装饰。

307

波莉特制（Polly Special） 第1级

苏格兰威士忌　干橙皮利口酒　西柚汁

20 毫升 —
20 毫升 —
50 毫升 —

制作：

1. | 将鸡尾酒杯冷却。

2. | 把所有的配料倒入摇酒壶。

3. | 摇和15秒钟。

4. | 将鸡尾酒双重过滤，倒入酒杯。

鸡尾酒的300种流行配方

308

大背头（Pompadour） 第1级

农业琥珀朗姆酒　皮诺夏朗德甜葡萄酒　柠檬汁

15 毫升 —
30 毫升 —
30 毫升 —

制作：

1. | 将鸡尾酒杯冷却。
2. | 把所有的配料倒入摇酒壶。
3. | 摇和15秒钟。
4. | 将鸡尾酒双重过滤，倒入酒杯。

309

色情影星马提尼（Porn Star Martini） 第1级

伏特加酒　西番莲利口酒　西番莲果泥　青柠汁　香草糖浆　香槟酒

 1/2西番莲

10 毫升 —
15 毫升 —
20 毫升 —
10 毫升 —
40 毫升 —

50 毫升 —

制作：

1. | 将鸡尾酒杯冷却。
2. | 把除了香槟酒以外其他的配料倒入摇酒壶。
3. | 摇和15秒钟。
4. | 将鸡尾酒双重过滤，倒入酒杯，然后点缀装饰。
5. | 把香槟酒倒入短饮杯，与鸡尾酒一起呈现。

310

波尔图菲力普（Porto Flip） 第2级

波尔图甜红葡萄酒　干邑白兰地　单糖糖浆　鸡蛋

 肉豆蔻碎末

1 —
10 毫升 —
15 毫升 —
60 毫升 —

制作：

1. | 将葡萄酒杯冷却。
2. | 把所有的配料倒入摇酒壶。
3. | 不加冰摇和10秒钟。
4. | 加入冰块，再次进行摇和。
5. | 将鸡尾酒双重过滤，倒入酒杯，然后点缀装饰。

311

普拉多（Prado） 第1级

白龙舌兰酒　青柠汁　马拉斯加酸樱桃酒　石榴糖浆　蛋清

1块青柠檬

15 毫升 —
5 毫升 —
10 毫升 —
20 毫升 —
50 毫升 —

制作：

1. | 将鸡尾酒杯冷却。
2. | 把所有的配料倒入摇酒壶。
3. | 不加冰摇和10秒钟。
4. | 加入冰块，再次进行摇和。
5. | 将鸡尾酒双重过滤，倒入酒杯，然后点缀装饰。

312

草原牡蛎（Prairie Oyster）   第3级

蛋黄　伍斯特郡调味汁　塔巴斯科辣酱　盐　胡椒粉

制作：

1. | 把蛋黄小心地放入古典杯中，不要将它打碎。

2. | 加入其他调味品，一口气喝完。

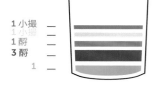

1 小撮 —
1 小撮 —
1 酹 —
3 酹 —
1 —

313

威尔士王子（Prince of Wales）   第1级

去皮菠萝　黑麦威士忌　柠檬汁　单糖糖浆　马拉斯加酸樱桃酒　香槟酒

 1片柠檬果皮

制作：

1. | 将鸡尾酒杯冷却。

2. | 将菠萝放入摇酒壶底部捣碎。

3. | 把除了香槟酒以外的其他配料倒入摇酒壶中。

4. | 摇和15秒钟。

5. | 将鸡尾酒双重过滤，倒入酒杯。

6. | 倒入香槟酒，点缀装饰。

25 毫升 —
5 毫升 —
25 毫升 —
50 毫升 —
½ 片 —

314

普林斯顿（Princeton）   第2级

老汤姆金酒　波尔图甜红葡萄酒　苦橙酒

 1片柠檬果皮

制作：

1. | 将鸡尾酒杯冷却。

2. | 把所有的配料倒入装满冰块的调酒杯。

3. | 调和20秒钟。

4. | 将鸡尾酒过滤，倒入酒杯。

5. | 把柠檬果皮置于杯子上方挤压果油，之后扔掉。

1 酹 —
25 毫升 —
50 毫升 —

315

后甲板（Quarter Deck）   第2级

古巴白朗姆酒　佩德罗西梅内斯甜葡萄酒　青柠汁

制作：

1. | 将鸡尾酒杯冷却。

2. | 把所有的配料倒入摇酒壶。

3. | 摇和15秒钟。

4. | 将鸡尾酒双重过滤，倒入酒杯。

20 毫升 —
20 毫升 —
50 毫升 —

316

女王（Queen Cocktail） 第1级

金酒 | 红味美思酒 | 干味美思酒 | 菠萝汁

制作：

1. | 将鸡尾酒杯冷却。
2. | 把所有的配料倒入摇酒壶。
3. | 摇和10秒钟。
4. | 将鸡尾酒双重过滤，倒入酒杯。

30 毫升 —
15 毫升 —
15 毫升 —
30 毫升 —

317

女王花园混合（Queen's Park Swizzle） 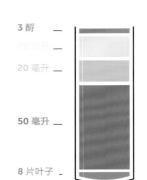 第1级

薄荷 | 德梅拉拉琥珀朗姆酒 | 青柠汁 | 单糖糖浆 | 安格斯特拉苦精

 1块青柠檬，1簇薄荷

制作：

1. | 用双手拍打薄荷叶，放入高球杯中。
2. | 将杯中放满碎冰，然后倒入其他的配料。
3. | 使用调和棒进行调和。
4. | 加入两根吸管，然后点缀装饰。

3 酹 —
20 毫升 —
20 毫升 —
50 毫升 —
8 片叶子 —

318

平静风暴（Quiet Storm） 第2级

伏特加酒 | 荔枝汁 | 菠萝汁 | 番石榴汁 | 椰子奶油 | 青柠汁

 1个草莓

制作：

1. | 把所有的配料倒入摇酒壶。
2. | 摇和10秒钟。
3. | 把鸡尾酒倒入装满冰块的飓风杯。
4. | 加入一根吸管，然后点缀装饰。

10 毫升 —
10 毫升 —
25 毫升 —
25 毫升 —
60 毫升 —
50 毫升 —

319

红莓辣椒伏特加提尼（Raspberry Chilli Vodkatini）  第1级

伏特加酒 | 覆盆子利口酒 | 覆盆子果泥 | 青柠汁 | 单糖糖浆 | 小红辣椒

 1个新鲜的小红辣椒

制作：

1. | 将鸡尾酒杯冷却。
2. | 把所有的配料倒入摇酒壶。
3. | 摇和15秒钟。
4. | 将鸡尾酒双重过滤，倒入酒杯，然后点缀装饰。

¼ —
10 毫升 —
15 毫升 —
25 毫升 —
10 毫升 —
50 毫升 —

320

红钩（Red Hook）

  第2级

黑麦威士忌 马拉斯加酸樱桃酒 潘脱米味美思酒

🍊 1颗糖渍樱桃

15 毫升 —
15 毫升 —
50 毫升 —

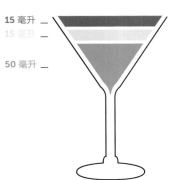

制作：

1. | 将鸡尾酒杯冷却。

2. | 把所有的配料倒入装满冰块的调酒杯。

3. | 调和20秒钟。

4. | 将鸡尾酒过滤，倒入酒杯，然后点缀装饰。

321

红狮（Red Lion）

  第1级

金酒 干橙皮利口酒 柠檬汁 橙汁

15 毫升 —
15 毫升 —
30 毫升 —

制作：

1. | 将鸡尾酒杯冷却。

2. | 把所有的配料倒入摇酒壶。

3. | 摇和15秒钟。

4. | 将鸡尾酒双重过滤，倒入酒杯。

322

红月亮（Red Moon）

  第2级

石榴 波旁红葡萄酒 榛子利口酒 蔓越莓汁 苦橙酒

🍊 1片石榴

1 酹 —
50 毫升 —
10 毫升 —
50 毫升 —
¼ —

制作：

1. | 把石榴粒放入摇酒壶捣碎。

2. | 将其他的配料倒入摇酒壶。

3. | 摇和10秒钟。

4. | 把鸡尾酒双重过滤，倒入装满冰块的高球杯。

5. | 加入一根吸管，然后点缀装饰。

323

红鲷鱼（Red Snapper）

第1级

金酒 柠檬汁 番茄汁 伍斯特郡调味汁 塔巴斯科辣酱 磨胡椒粉 西芹盐

🍊 1片柠檬，1段西芹

3 小撮 —
3 圈 —
1 酹 —
3 酹 —
100 毫升 —
10 毫升 —

制作：

1. | 把所有的配料倒入装满冰块的高球杯。

2. | 调和10秒钟。

3. | 加入一根吸管，点缀装饰。

鸡尾酒的300种
流 行 配 方

324

重生（Renaissance）
 第3级

金酒　菲诺雪莉酒　液体奶油

⊛ 肉豆蔻碎末

制作：

1. | 将鸡尾酒杯冷却。
2. | 把所有的配料倒入摇酒壶。
3. | 摇和15秒钟。
4. | 将鸡尾酒双重过滤，倒入酒杯，然后点缀装饰。

20 毫升 —
20 毫升 —
50 毫升 —

325

豪华宾馆（Ritz）
第1级

干邑白兰地　马拉斯加酸樱桃酒　干橙皮利口酒　柠檬汁　香槟酒

⊛ 1片炙烤橙皮

制作：

1. | 将鸡尾酒杯冷却。
2. | 把除了香槟酒以外的其他配料倒入装满冰块的调酒杯中。
3. | 调和20秒钟。
4. | 将鸡尾酒过滤，倒入酒杯，然后倒入香槟酒。
5. | 点缀装饰。

70 毫升 —
15 毫升 —
15 毫升 —
5 毫升 —
25 毫升 —

326

玫瑰（Rose）
第2级

干味美思酒　樱桃酒　覆盆子糖浆

⊛ 1颗糖渍樱桃

制作：

1. | 将鸡尾酒杯冷却。
2. | 把所有的配料倒入装满冰块的调酒杯。
3. | 调和20秒钟。
4. | 将鸡尾酒过滤，倒入酒杯，然后点缀装饰。

10 毫升 —
25 毫升 —
50 毫升 —

327

罗西塔（Rosita）
第1级

白龙舌兰酒　红味美思酒　干味美思酒　金巴利利口酒

⊛ 1片柠檬果皮

制作：

1. | 把所有的配料倒入装满冰块的调酒杯。
2. | 调和20秒钟。
3. | 将鸡尾酒过滤，倒入装满冰块的古典杯。
4. | 点缀装饰。

15 毫升 —
15 毫升 —
15 毫升 —
30 毫升 —

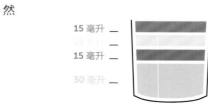

328

皇家百慕大游艇俱乐部
（Royal Bermuda Yacht Club） 第2级

巴巴多斯白朗姆酒　干橙皮利口酒　威尔维特法勒朗姆酒　青柠汁

20 毫升
10 毫升
10 毫升

50 毫升

制作：

1. | 将鸡尾酒杯冷却。

2. | 把所有的配料倒入摇酒壶。

3. | 摇和15秒钟。

4. | 将鸡尾酒双重过滤，倒入酒杯。

329

皇家夏威夷（Royal Hawaiian） 第1级

金酒　柠檬汁　菠萝汁　巴旦杏仁糖浆

 1片菠萝

25 毫升
25 毫升

制作：

1. | 将鸡尾酒杯冷却。

2. | 把所有的配料倒入摇酒壶。

3. | 摇和15秒钟。

4. | 将鸡尾酒双重过滤，倒入酒杯，然后点缀装饰。

330

皇家海波（Royal Highball） 第1级

干邑白兰地　草莓汁　香槟酒

 1颗草莓

100 毫升

30 毫升

30 毫升

制作：

1. | 所有的配料倒入装满冰块的高球杯。

2. | 调和10秒钟。

3. | 点缀装饰。

331

生锈钉（Rusty Nail） 第1级

威士忌　威士忌利口酒

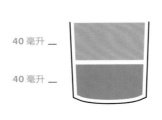

40 毫升

40 毫升

制作：

1. | 所有的配料倒入装满冰块的古典杯。

2. | 调和10秒钟。

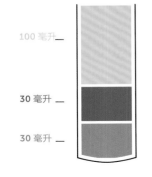

332

圣克罗伊朗姆酒（Sainte Croix Rum Fix） 🥛 ❀　　第1级

处女岛琥珀朗姆酒　菠萝糖浆　柠檬汁

 1块菠萝

20 毫升 —
20 毫升 —

50 毫升 —

制作：

1. ｜ 所有的配料倒入装满碎冰的葡萄酒杯。

2. ｜ 调和10秒钟。

3. ｜ 加入两根吸管，点缀装饰。

333

咸狗（Salty Dog） 🥛　　第1级

伏特加酒　西柚汁

撒上盐之花的酒杯

100 毫升 —

50 毫升 —

制作：

1. ｜ 将高球杯的一半撒上盐之花。

2. ｜ 把高球杯里放满冰块，倒入其他的配料。

3. ｜ 调和10秒钟。

334

桑格里亚（Sangria） 🧍8 🥣　　第1级

红葡萄酒（博若莱或者阿尔萨斯黑品诺）　干邑白兰地　砂糖　橙子　柠檬　草莓　苹果　桂皮段　安格斯特拉苦精

 肉豆蔻碎末

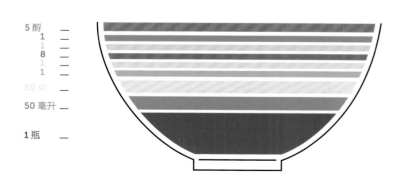

5 酹 —
1 —
1 —
8 —
1 —
1 —
50 克 —
50 毫升 —

1 瓶 —

制作：

1. ｜ 把橙子和柠檬切成半片，草莓切成1/4块，苹果切成丁。

2. ｜ 在宾治碗里，倒入红葡萄酒、干邑白兰地和糖，进行搅拌，使糖溶化。

3. ｜ 加入水果和香料，盖上盖子在冰箱中放置24小时。

4. ｜ 把酒倒入独立的古典杯中，注意平均分配每个杯中的水果。

335

鸡血石（Sangrita）

 4 　第1级

番茄汁　橙汁　青柠汁　塔巴斯科辣酱　盐　胡椒　墨西哥龙舌兰酒

制作：

1. ｜ 把所有的配料倒入装满冰块的调酒杯。

2. ｜ 调和5秒钟。

3. ｜ 把鸡血石鸡尾酒倒入四个短饮杯，同时配4个装有墨西哥龙舌兰的短饮杯（每个30毫升）。

4 小撮
4 小撮
4 醇
20 毫升
60 毫升
120 毫升

336

圣地亚哥黛丝（Santiago Daisy）

第2级

古巴白朗姆酒　青柠汁　单糖糖浆　黄查尔特勒酒

 1簇薄荷

制作：

1. ｜ 把除了黄查尔特勒酒以外的其他配料倒入摇酒壶中。

2. ｜ 摇和5秒钟。

3. ｜ 将鸡尾酒过滤，倒入装满碎冰的古典酒杯。

4. ｜ 加入两根吸管，点缀装饰。

5. ｜ 将黄查尔特勒酒小心翼翼地倒入杯子表面。

10 毫升
10 毫升
20 毫升
50 毫升

337

萨拉托加（Saratoga）

　第1级

干邑白兰地　柠檬汁　菠萝汁　马拉斯加酸樱桃酒　安格斯特拉苦精

 1颗糖渍樱桃

制作：

1. ｜ 将鸡尾酒杯冷却。

2. ｜ 把所有的配料倒入摇酒壶。

3. ｜ 摇和15秒钟。

4. ｜ 将鸡尾酒双重过滤，倒入酒杯，然后点缀装饰。

1 醇
5 毫升
20 毫升
20 毫升
50 毫升

338

撒旦的髯须（Satan's Whiskers）

　第1级

金酒　干味美思酒　红味美思酒　橙汁　干库拉索酒　安格斯特拉苦精

 1片橙皮

制作：

1. ｜ 将鸡尾酒杯冷却。

2. ｜ 把所有的配料倒入摇酒壶。

3. ｜ 摇和15秒钟。

4. ｜ 将鸡尾酒双重过滤，倒入酒杯，然后点缀装饰。

1 醇
10 毫升
20 毫升
20 毫升

鸡尾酒的300种
流 行 配 方

339

萨图恩农神（Saturn） 　第2级

金酒　柠檬汁　西番莲糖浆　威尔维特法勒朗姆酒　巴旦杏仁糖浆

制作：

1. | 将所有配料倒入搅拌机，并添加8～10块冰。
2. | 用最大速度搅拌30秒。
3. | 倒入高球酒杯中，然后插入两根吸管。

5 毫升 —
10 毫升 —
10 毫升 —
25 毫升 —
50 毫升 —

340

误调尼格罗尼（Sbagliato） 　第1级

红味美思酒　金巴利利口酒　普罗塞科起泡酒

 1片橙子

制作：

1. | 所有的配料倒入装满冰块的古典酒杯。
2. | 调和10秒钟。
3. | 点缀装饰。

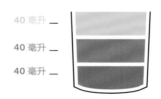
40 毫升 —
40 毫升 —
40 毫升 —

341

惯犯（Scofflaw） 　第1级

黑麦威士忌　干味美思酒　柠檬汁　石榴糖浆

 1片柠檬果皮

制作：

1. | 将鸡尾酒杯冷却。
2. | 把所有的配料倒入摇酒壶。
3. | 摇和15秒钟。
4. | 将鸡尾酒双重过滤，倒入酒杯，然后点缀装饰。

15 毫升 —
25 毫升 —
15 毫升 —
40 毫升 —

342

天蝎座（Scorpion） 　第1级

波多黎各白朗姆酒　干邑白兰地　橙汁　柠檬汁　巴旦杏仁糖浆

 1/2片柠檬

制作：

1. | 将鸡尾酒杯冷却。
2. | 把所有的配料倒入摇酒壶。
3. | 摇和15秒钟。
4. | 将鸡尾酒双重过滤，倒入酒杯，然后点缀装饰。

10 毫升 —
20 毫升 —
20 毫升 —
25 毫升 —
25 毫升 —

343

螺丝钻（Screwdriver） 第1级

伏特加酒　橙汁

 1/2片橙汁

制作：

1. ｜ 所有的配料倒入装满冰块的高球酒杯。
2. ｜ 调和10秒钟。
3. ｜ 点缀装饰。

100 毫升 ―

50 毫升 ―

344

海风（Sea Breeze） 第1级

伏特加酒　西柚汁　蔓越莓汁

1块青柠檬

制作：

1. ｜ 所有的配料倒入装满冰块的高球酒杯。
2. ｜ 调和10秒钟。
3. ｜ 点缀装饰。

60 毫升 ―

40 毫升 ―

345

七重天（Seventh Heaven） 第1级

金酒　西柚汁　马拉斯加酸樱桃酒

1簇薄荷

制作：

1. ｜ 将鸡尾酒杯冷却。
2. ｜ 把所有的配料倒入摇酒壶。
3. ｜ 摇和15秒钟。
4. ｜ 将鸡尾酒双重过滤，倒入酒杯，然后点缀装饰。

10 毫升 ―
25 毫升 ―
50 毫升 ―

346

性感海滩（Sex On The Beach） 第1级

伏特加酒　桃子酒　香波堡利口酒　橙汁　蔓越莓汁

 1块橙子

制作：

1. ｜ 把所有的配料倒入摇酒壶。
2. ｜ 摇和10秒钟。
3. ｜ 将鸡尾酒过滤，倒入装满冰块的高球酒杯。
4. ｜ 加入一根吸管，然后点缀装饰。

50 毫升 ―

50 毫升 ―

10 毫升 ―
10 毫升 ―

S

鸡尾酒的300种
流 行 配 方

347

三叶草（Shamrock） 第3级

爱尔兰威士忌　干味美思酒　绿查尔特勒酒　薄荷利口酒

 1颗橄榄

5 毫升 —
5 毫升 —
30 毫升 —

30 毫升 —

制作：

1. | 将鸡尾酒杯冷却。

2. | 将所有的配料倒入装满冰块的调酒杯。

3. | 调和20秒钟。

4. | 将鸡尾酒过滤，倒入酒杯，然后点缀装饰。

348

鲨鱼之齿（Shark's Tooth） 第2级

巴巴多斯琥珀朗姆酒　菠萝汁　青柠汁　单糖糖浆　樱桃利口酒　牙买加琥珀朗姆酒

制作：

1. | 把除了牙买加琥珀朗姆酒以外的其他配料倒入摇酒壶中。

2. | 摇和10秒钟。

3. | 将鸡尾酒过滤，倒入装满冰块的古典酒杯。

4. | 将牙买加琥珀朗姆酒倒入短饮杯一同呈现，在喝之前将其倒入鸡尾酒（不加吸管）。

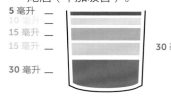

5 毫升 —
10 毫升 —
15 毫升 —
15 毫升 —

30 毫升 —　　　　30 毫升 —

349

丝袜（Silk Stokings） 第1级

微陈龙舌兰酒　棕可可酒　覆盆子利口酒　液体奶油

 1颗覆盆子

20 毫升 —
20 毫升 —
20 毫升 —
40 毫升 —

制作：

1. | 将鸡尾酒杯冷却。

2. | 把所有的配料倒入摇酒壶。

3. | 摇和15秒钟。

4. | 将鸡尾酒双重过滤，倒入酒杯，然后点缀装饰。

350

黑刺李金菲兹（Sloe Gin Fizz） 第1级

黑刺李金酒　柠檬汁　单糖糖浆　起泡水

 1/2片柠檬

80 毫升 —

15 毫升 —
25 毫升 —

50 毫升 —

制作：

1. | 把除了起泡水以外其他的配料倒入摇酒壶。

2. | 摇和5秒钟。

3. | 将鸡尾酒过滤，倒入放满冰块的高球酒杯，然后加入起泡水。

4. | 加入一根吸管，然后点缀装饰。

351

小丁格（Small Dinger） 第1级

 古巴白朗姆酒 金酒 青柠汁 石榴糖浆

⊛ 1片青柠檬果皮

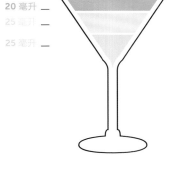

10 毫升 —
20 毫升 —
25 毫升 —
25 毫升 —

制作：

1. | 将鸡尾酒杯冷却。

2. | 把所有的配料倒入摇酒壶。

3. | 摇和15秒钟。

4. | 将鸡尾酒双重过滤，倒入酒杯，然后点缀装饰。

352

烟熏马提尼（Smoky Martini） 第1级

 金酒 泥炭威士忌

⊛ 一片柠檬果皮

5 毫升 —

制作：

1. | 将鸡尾酒杯冷却。

2. | 将所有的配料倒入装满冰块的调酒杯。

3. | 调和20秒钟。

4. | 将鸡尾酒过滤，倒入酒杯，然后点缀装饰。

353

草帽（Sombrero） 第1级

 白龙舌兰酒 杏子果泥 西柚汁 巴旦杏仁糖浆 普罗塞科起泡酒

80 毫升 —
5 毫升 —
25 毫升 —
15 毫升 —
25 毫升 —

制作：

1. | 把除了普罗塞科起泡酒以外其他的配料倒入装满冰块的调酒杯。

2. | 调和15秒钟。

3. | 将鸡尾酒过滤，倒入香槟酒杯，然后加入普罗塞科起泡酒。

354

冰香槟（Soyer Au Champagne） 第3级

香草冰奶油 干邑白兰地 干库拉索酒 马拉斯加酸樱桃酒 香槟酒

⊛ 肉豆蔻碎末

80 毫升 —
5 毫升 —
15 毫升 —
15 毫升 —

制作：

1. | 把香草冰奶油放在鸡尾酒杯底部。

2. | 把除了香槟酒以外的其他配料倒入摇酒壶中。

3. | 摇和10秒钟。

4. | 将鸡尾酒过滤，倒在香草冰奶油上面，然后倒入香槟酒。

5. | 点缀装饰。

鸡尾酒的300种
流行配方

355

空中喷火机（Spitfire） 第1级

干邑白兰地　桃子酒　柠檬汁　单糖糖浆　蛋清　干白葡萄酒

25 毫升 —
25 毫升 —
25 毫升 —
25 毫升 —
10 毫升 —
40 毫升 —

制作：

1. | 将鸡尾酒杯冷却。

2. | 把除了干白葡萄酒以外，其他所有的配料倒入摇酒壶。

3. | 不加冰摇和10秒钟。

4. | 加入冰块，继续摇和。

5. | 将鸡尾酒过滤，倒入酒杯。

6. | 将干白葡萄酒直接倒入酒杯。

356

春风沉醉（Spring Fever） 第1级

血橙汁　菠萝汁　柠檬汁　芒果糖浆

 1块菠萝，1/2块血橙

10 毫升 —
15 毫升 —

50 毫升 —

50 毫升 —

制作：

1. | 把所有的配料倒入摇酒壶。

2. | 摇和10秒钟。

3. | 将鸡尾酒过滤，倒入装满冰块的高球酒杯。

4. | 加入一根吸管，然后点缀装饰。

357

斯普里兹（Spritz） 第1级

白葡萄酒　起泡水

 1片柠檬

60 毫升 —

80 毫升 —

制作：

1. | 将所有的配料倒入装满冰块的葡萄酒杯。

2. | 调和10秒钟。

3. | 点缀装饰。

358

草莓斯马喜（Strawberry Smash） 第1级

薄荷　伏特加酒　柠檬汁　草莓利口酒　单糖糖浆

 1/2草莓

10 毫升 —
10 毫升 —
25 毫升 —

50 毫升 —

6 片叶子 —

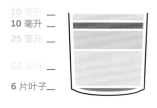

制作：

1. | 把薄荷放置摇酒壶底部捣碎。

2. | 把其他的配料倒入摇酒壶。

3. | 摇和10秒钟。

4. | 将鸡尾酒双重过滤，倒入装满冰块的古典酒杯。

5. | 加入一根吸管，然后点缀装饰。

359

巅峰（Summit） 第1级

去皮的新鲜生姜　干邑白兰地　柠檬水　青柠果皮　黄瓜

制作：

1. | 把生姜放置在古典酒杯底部捣碎。
2. | 将酒杯放满冰块，然后加入干邑白兰地。
3. | 加入柠檬水，然后调和10秒钟。
4. | 将柠檬果皮在杯子上方挤压取果油，并放入黄瓜。

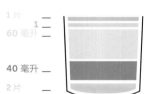

360

苏西·泰勒（Suzie Taylor） 第1级

古巴白朗姆酒　青柠汁　姜汁汽水

🍊 1块青柠檬

制作：

1. | 将所有的配料倒入装满冰块的高球酒杯。
2. | 调和10秒钟。
3. | 加入一根吸管，然后点缀装饰。

361

鼠尾草和松树（Sweet Sage And Pine） 第2级

微陈龙舌兰酒　鼠尾草利口酒　青柠汁　巴旦杏仁糖浆　去皮菠萝

🍊 1片鼠尾草叶

制作：

1. | 将鸡尾酒杯冷却。
2. | 把菠萝和糖浆放置在摇酒壶底部捣碎。
3. | 把其他的配料倒入摇酒壶。
4. | 摇和15秒钟。
5. | 将鸡尾酒双重过滤，倒入酒杯，然后点缀装饰。

362

坦比克（Tampico） 第1级

金巴利利口酒　干橙皮利口酒　柠檬汁　奎宁水

🍊 1/2片橙子

制作：

1. | 将所有的配料倒入装满冰块的高球酒杯。
2. | 调和10秒钟。
3. | 加入一根吸管，然后点缀装饰。

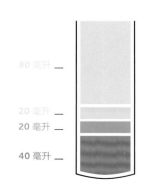

363

龙舌兰日出（Tequila Sunrise）

第1级

龙舌兰酒 橙汁 石榴糖浆

1/2片橙子

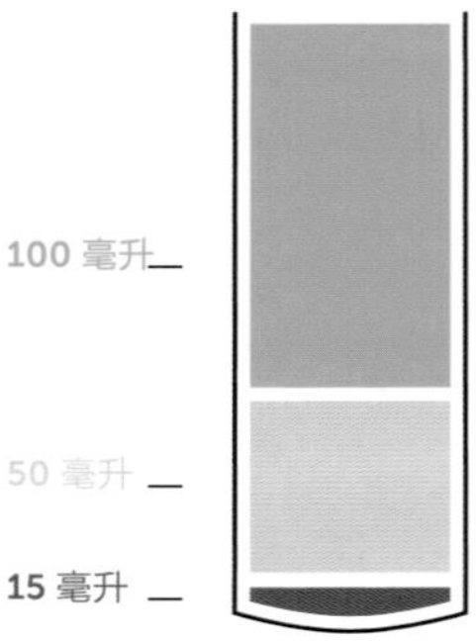
100 毫升
50 毫升
15 毫升

制作：

1. | 将龙舌兰酒和橙汁倒入装满冰块的高球酒杯。
2. | 调和10秒钟。
3. | 把石榴糖浆沿着杯沿倒入，以便使它沉入杯底。
4. | 加入一根吸管，然后点缀装饰。

364

布里之谜（The Bree Mystery）

第2级

西柚 覆盆子 柠檬伏特加酒 金巴利利口酒 单糖糖浆

1个覆盆子

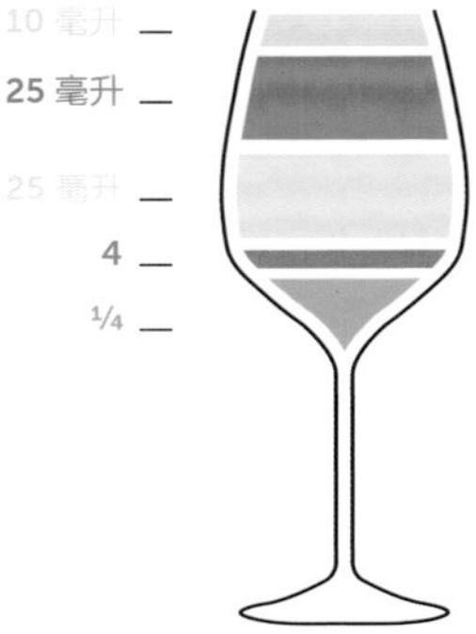
10 毫升
25 毫升
25 毫升
4
1/4

制作：

1. | 把西柚和覆盆子放置在摇酒壶底部捣碎。
2. | 把其他的配料倒入摇酒壶。
3. | 摇和10秒钟。
4. | 将鸡尾酒双重过滤，倒入装满碎冰的葡萄酒杯。
5. | 加入两根吸管，然后点缀装饰。

365

花花公子（The Playboy）（不同于第269页 Boulevardier）

第1级

陈年龙舌兰酒 菠萝汁 樱桃利口酒

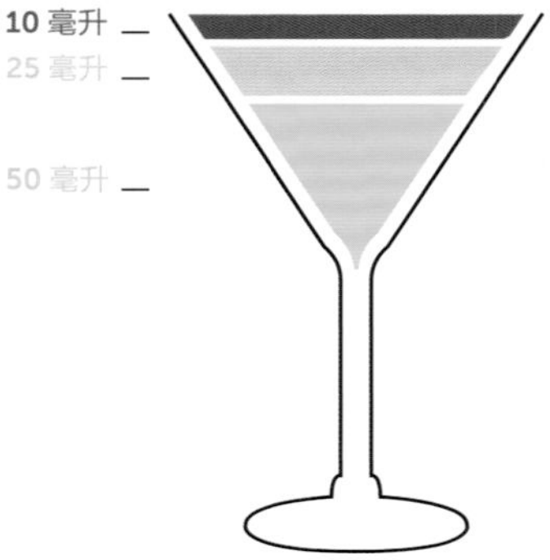
10 毫升
25 毫升
50 毫升

制作：

1. | 将鸡尾酒杯冷却。
2. | 把所有的配料倒入摇酒壶。
3. | 摇和15秒钟。
4. | 将鸡尾酒双重过滤，倒入酒杯。

366

边坡（The Slope）

第2级

黑麦威士忌 潘脱米味美思酒 杏子利口酒 安格斯特拉苦精

1颗糖渍樱桃

1 酹
5 毫升
25 毫升
50 毫升

制作：

1. | 将鸡尾酒杯冷却。
2. | 将所有的配料倒入装满冰块的调酒杯。
3. | 调和20秒钟。
4. | 将鸡尾酒过滤，倒入酒杯，然后点缀装饰。

367

标准（The Standard） 第2级

金酒　黄查尔特勒酒　柠檬汁　西柚汁　苦橙酒

 1片西柚果皮

制作：

1. | 将鸡尾酒杯冷却。

2. | 把所有的配料倒入摇酒壶。

3. | 摇和15秒钟。

4. | 将鸡尾酒双重过滤，倒入酒杯，然后点缀装饰。

368

老虎尾巴（Tiger Tail） 第1级

佩诺茴香酒　橙汁

1/2片橙汁

制作：

1. | 将所有的配料倒入装满冰块的高球杯。

2. | 调和10秒钟。

3. | 加入一根吸管，然后点缀装饰。

369

丁度之夏（Tinto De Verano） 第1级

红葡萄酒　柠檬水

 1片柠檬

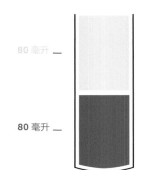

制作：

1. | 将所有的配料倒入装满冰块的高球杯。

2. | 调和10秒钟。

3. | 加入一根吸管，然后点缀装饰。

370

蒂珀雷里（Tipperary） 第3级

爱尔兰威士忌　红味美思酒　绿查尔特勒酒

 1片柠檬果皮

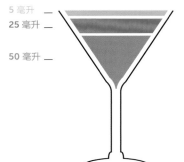

制作：

1. | 将鸡尾酒杯冷却。

2. | 将所有的配料倒入装满冰块的调酒杯。

3. | 调和20秒钟。

4. | 将鸡尾酒过滤，倒入酒杯，然后点缀装饰。

T

鸡尾酒的300种
流 行 配 方

371

猫和老鼠（Tom&Jerry） 第3级

鸡蛋　砂糖　牙买加琥珀朗姆酒　干邑白兰地　热水

 肉豆蔻碎末

制作：

1. | 将鸡蛋打碎，把蛋黄和蛋清放入两个器皿中。

2. | 把蛋清打成泡沫。把蛋黄加糖用打蛋器搅拌。

3. | 在预热好的杯子里倒入搅拌后的蛋黄和糖，然后加入酒精饮品。

4. | 加入一半的蛋清泡沫，小心地搅拌10秒钟。

5. | 加入热水和剩下的蛋清泡沫，点缀装饰。

60 毫升 —
30 毫升 —
30 毫升 —
2 吧勺 —
1 —

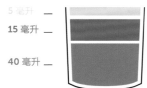

372

骑马斗牛士（Toreador） 第1级

白龙舌兰酒　青柠汁　杏子利口酒

 1块青柠檬

制作：

1. | 将鸡尾酒杯冷却。

2. | 把所有的配料倒入摇酒壶。

3. | 摇和15秒钟。

4. | 将鸡尾酒双重过滤，倒入酒杯，然后点缀装饰。

10 毫升 —
25 毫升 —
50 毫升 —

373

多伦多（Toronto） 第2级

黑麦威士忌　菲奈特布兰卡苦酒　单糖糖浆

 1片橙皮

制作：

1. | 将所有的配料倒入装满冰块的古典杯。

2. | 调和10秒钟。

3. | 点缀装饰。

5 毫升 —
15 毫升 —
40 毫升 —

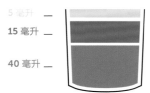

374

托斯卡诺（Toscano） 第1级

微陈龙舌兰酒　单糖糖浆　浑浊苹果汁　罗勒

1片罗勒叶

制作：

1. | 将鸡尾酒杯冷却。

2. | 把所有的配料倒入摇酒壶。

3. | 摇和15秒钟。

4. | 将鸡尾酒双重过滤，倒入酒杯，然后点缀装饰。

5 片叶子 —
25 毫升 —
10 毫升 —
50 毫升 —

375

蜜糖（Treacle） 　第1级

糖　安格斯特拉苦精　起泡水　琥珀朗姆酒　浑浊苹果汁

 1段连刀片苹果

制作：

1. | 用苦精将方糖浸透。

2. | 加入起泡水，将糖在古典杯中捣碎，从而使糖溶化。

3. | 将杯中加入2块冰和一半朗姆酒，然后调和15秒钟。

4. | 将杯子放满冰块，然后倒入剩下的朗姆酒。

5. | 再次调和15秒钟。

6. | 倒入浑浊苹果汁，然后点缀装饰。

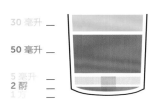

376

毡帽1号（Trilby #1） 　第1级

金酒　红味美思酒　苦橙酒

制作：

1. | 将鸡尾酒杯冷却。

2. | 将所有的配料倒入装满冰块的调酒杯。

3. | 调和20秒钟。

4. | 将鸡尾酒过滤，倒入酒杯，然后点缀装饰。

377

特立尼达酸酒（Trinidad Sour） 　第3级

安格斯特拉苦精　柠檬汁　巴旦杏仁糖浆　黑麦威士忌

制作：

1. | 将鸡尾酒杯冷却。

2. | 把所有的配料倒入摇酒壶。

3. | 摇和30秒钟。

4. | 将鸡尾酒双重过滤，倒入酒杯。

378

热带香槟（Tropical Champagne） 　第1级

古巴琥珀朗姆酒　橙汁　柠檬汁　西番莲糖浆　香槟酒

制作：

1. | 把除了香槟酒以外的其他配料倒入摇酒壶中。

2. | 摇和5秒钟。

3. | 将鸡尾酒双重过滤，倒入香槟酒杯，然后倒入香槟酒。

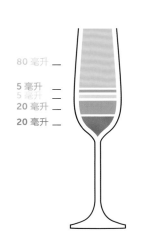

379

地下通道（Tunnel） 第1级

金酒　干味美思酒　金巴利利口酒　红味美思酒

 1片西柚果皮

10 毫升
20 毫升
30 毫升

30 毫升

制作：

1. ｜ 将鸡尾酒杯冷却。

2. ｜ 将所有的配料倒入装满冰块的
调酒杯。

3. ｜ 调和20秒钟。

4. ｜ 将鸡尾酒过滤，倒入酒杯，然后
点缀装饰。

380

草根（Turf） 第2级

金酒　干味美思酒　马拉斯加酸樱桃酒　苦橙酒　苦艾酒

 1颗橄榄

6 滴
2 酲
5 毫升

30 毫升

30 毫升

制作：

1. ｜ 将鸡尾酒杯冷却。

2. ｜ 将所有的配料倒入装满冰块的
调酒杯。

3. ｜ 调和20秒钟。

4. ｜ 将鸡尾酒过滤，倒入酒杯，然后
点缀装饰。

381

20世纪（Twentieth-century Cocktail） 第1级

金酒　白利莱开胃酒　白可可酒　柠檬汁

1片柠檬果皮

20 毫升
20 毫升
20 毫升
20 毫升

制作：

1. ｜ 将鸡尾酒杯冷却。

2. ｜ 把所有的配料倒入摇酒壶。

3. ｜ 摇和15秒钟。

4. ｜ 将鸡尾酒双重过滤，倒入酒
杯。

382

闪烁（Twinkle） 第1级

伏特加酒　接骨木花甜饮料　香槟酒

1片柠檬果皮

60 毫升

15 毫升
25 毫升

制作：

1. ｜ 将鸡尾酒杯冷却。

2. ｜ 把除了香槟酒以外的其他配料
倒入摇酒壶中。

3. ｜ 摇和5秒钟。

4. ｜ 将鸡尾酒双重过滤，倒入香槟
酒杯，然后倒入香槟酒。

5. ｜ 点缀装饰。

383

瓦伦西亚（Valencia） 第1级

金酒 | 菲诺雪莉酒

🍊 1片炙烤橙皮

15 毫升 —
50 毫升 —

制作：

1. | 将鸡尾酒杯冷却。

2. | 将所有的配料倒入装满冰块的调酒杯。

3. | 调和20秒钟。

4. | 将鸡尾酒过滤，倒入酒杯，然后点缀装饰。

384

天鹅绒飘落（Velvet Hammer） 第1级

伏特加酒 | 棕可可酒 | 液体奶油

50 毫升 —
30 毫升 —

制作：

1. | 将鸡尾酒杯冷却。

2. | 把所有的配料倒入摇酒壶。

3. | 摇和15秒钟。

4. | 将鸡尾酒双重过滤，倒入酒杯。

385

热葡萄酒（Vin Chaud） 👤8 第1级

红葡萄酒 | 农业琥珀朗姆酒 | 蔗糖 | 半片橙子 | 调味丁香 | 桂皮 | 肉豆蔻

3 小撮 —
2 段 —
10 —
10 —
100 克 —
50 毫升 —

750 毫升 —

制作：

1. | 用平底锅加热红葡萄酒、朗姆酒和蔗糖，搅拌使得蔗糖溶化。

2. | 在沸腾之前变成小火，但不要停止加热。

3. | 把一个橙子切成10个半片，然后把丁香放在每块橙皮里面。

4. | 把橙子片和桂皮放入平底锅里，加入肉豆蔻。

5. | 盖上锅盖，用小火煮20分钟。

6. | 浸泡一段时间，然后将热葡萄酒倒入杯子，每个杯子里放半片橙子（从热葡萄酒中取出的）。

V

鸡尾酒的300种
流 行 配 方

386

火山碗（Volcano Bowl） 4 第3级

德梅拉拉琥珀朗姆酒　牙买加琥珀朗姆酒　波多黎各琥珀朗姆酒　西柚汁　青柠汁　单糖糖浆　枫糖浆　烈朗姆酒

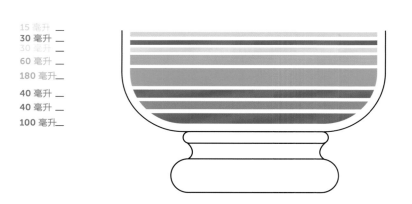

15 毫升 —
30 毫升 —
30 毫升 —
60 毫升 —
180 毫升 —
40 毫升 —
40 毫升 —
100 毫升—

制作：

1. | 将除了烈朗姆酒之外的其他所有配料倒入搅拌机。

2. | 加入10块左右的冰，调和10秒。

3. | 在火山碗里放入20几块冰，将所有配料倒入。

4. | 把烈朗姆酒倒入火山碗中央，用火柴点燃。

5. | 加入几根大吸管，以便直接在容器中饮用。

387

8区（Ward Eight） 第1级

黑麦鸡尾酒　柠檬汁　橙汁　石榴糖浆

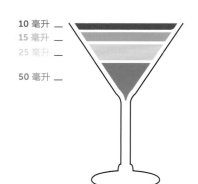

10 毫升 —
15 毫升 —
25 毫升 —
50 毫升 —

制作：

1. | 将鸡尾酒杯冷却。

2. | 把所有的配料倒入摇酒壶。

3. | 摇和15秒钟。

4. | 将鸡尾酒双重过滤，倒入酒杯。

388

滑铁卢（Waterloo） 第1级

金酒　金巴利利口酒　柠檬汁　单糖糖浆　去皮西瓜

1薄片西瓜

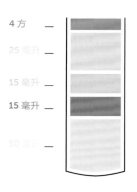

4 方 —
25 毫升 —
15 毫升 —
15 毫升 —
50 毫升 —

制作：

1. | 把西瓜放入摇酒壶底部捣碎。

2. | 将其他配料倒入摇酒壶。

3. | 摇和10秒钟。

4. | 将鸡尾酒过滤，倒入装满冰块的高球酒杯。

5. | 点缀装饰。

389

婚礼铃（Wedding Bells）

第2级

金酒　杜本内红葡萄酒　樱桃利口酒　橙汁

15 毫升 ——
15 毫升 ——
30 毫升 ——
30 毫升 ——

制作：

1. ｜ 将鸡尾酒杯冷却。
2. ｜ 把所有的配料倒入摇酒壶。
3. ｜ 摇和15秒钟。
4. ｜ 将鸡尾酒双重过滤，倒入酒杯。

390

西街橘子酱（West Street Marmalade）

第2级

金酒　橙汁　蜂蜜糖浆　柠檬汁　橘子酱　迷迭香

 1簇迷迭香

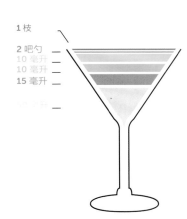

1 枝
2 吧勺
10 毫升 ——
10 毫升 ——
15 毫升 ——

制作：

1. ｜ 将鸡尾酒杯冷却。
2. ｜ 取下迷迭香的叶片，把嫩枝放入摇酒壶中。
3. ｜ 将其他所有的配料倒入摇酒壶。
4. ｜ 摇和15秒钟。
5. ｜ 将鸡尾酒双重过滤，倒入酒杯，然后点缀装饰。

391

威士忌鲷鱼（Whisky Snapper）

第1级

苏格兰威士忌　柠檬汁　蜂蜜糖浆　覆盆子糖浆

 1片柠檬果皮

10 毫升 ——
10 毫升 ——
25 毫升 ——
50 毫升 ——

制作：

1. ｜ 将鸡尾酒杯冷却。
2. ｜ 把所有的配料倒入摇酒壶。
3. ｜ 摇和15秒钟。
4. ｜ 将鸡尾酒双重过滤，倒入酒杯。

392

白蜘蛛（White Spider）

第1级

伏特加酒　白薄荷利口酒

制作：

1. ｜ 将鸡尾酒杯冷却。
2. ｜ 将所有的配料倒入装满冰块的调酒杯。
3. ｜ 调和20秒钟。
4. ｜ 将鸡尾酒过滤，倒入酒杯。

鸡尾酒的300种
流行配方

393

闲谈（Wibble） 第1级

金酒　黑刺李金酒　黑加仑利口酒　西柚汁　柠檬汁　单糖糖浆

1片柠檬果皮

5 毫升
10 毫升
25 毫升
10 毫升
25 毫升
25 毫升

制作：

1. | 将鸡尾酒杯冷却。

2. | 把所有的配料倒入摇酒壶。

3. | 摇和15秒钟。

4. | 将鸡尾酒双重过滤，倒入酒杯。

394

寡妇之吻（Widow's kiss） 第3级

卡尔瓦多斯酒　黄查尔特勒酒　班尼狄克汀甜烧酒　安格斯特拉苦精

1颗糖渍樱桃

1 酹
10 毫升
5 毫升

40 毫升

制作：

1. | 将鸡尾酒杯冷却。

2. | 把所有的配料倒入摇酒壶。

3. | 摇和15秒钟。

4. | 将鸡尾酒双重过滤，倒入酒杯。

395

眨眼睛（Wink） 第2级

苦艾酒　金酒　干橙皮利口酒　单糖糖浆　北秀苦精

 1片橙皮

制作：

1. | 将苦艾酒和3块冰块放入古典酒杯，进行调和。

2. | 把其他所有的配料倒入摇酒壶。

3. | 摇和10秒钟。

4. | 去掉苦艾酒和杯子中的冰块，将鸡尾酒双重过滤，倒入酒杯。

5. | 把橙皮在杯子上方挤压果油，之后扔掉。

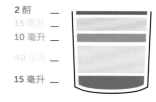

2 酹
15 毫升
10 毫升
40 毫升
15 毫升

396

温特·格伦（Winter Glen） 第2级

伏特加酒　杜林标利口酒　香波堡利口酒　柠檬汁　蛋清　单糖糖浆

2颗覆盆子，1片橙皮

制作：

1. | 把所有的配料倒入摇酒壶。

2. | 摇和10秒钟。

3. | 将鸡尾酒过滤，倒入装满冰块的古典杯。

4. | 点缀装饰。

5 毫升
15 毫升
25 毫升
10 毫升
10 毫升
40 毫升

397

维瓦鲁西（Wiwacious） 第1级

伏特加酒　白苏维尼翁葡萄酒　阿贝罗开胃酒　桃子利口酒　浑浊苹果汁
安格斯特拉甜橙苦精

1片长橙皮

2 酹
50 毫升
10 毫升
10 毫升
30 毫升
50 毫升

制作：

1. | 把所有的配料倒入摇酒壶。

2. | 摇和10秒钟。

3. | 将鸡尾酒过滤，倒入装满冰块的葡萄酒杯。

4. | 加入一根吸管，点缀装饰。

398

哦哦（Woo Woo） 第1级

伏特加酒　桃子利口酒　蔓越莓汁

 1块青柠檬

100 毫升

10 毫升

40 毫升

制作：

1. | 将所有的配料倒入装满冰块的高球酒杯。

2. | 调和10秒钟。

3. | 加入一根吸管，点缀装饰。

399

伍德斯托克（Woodstock） 第1级

金酒　柠檬汁　枫糖浆　安格斯特拉甜橙苦精

2 酹
15 毫升
25 毫升
50 毫升

制作：

1. | 将鸡尾酒杯冷却。

2. | 把所有的配料倒入摇酒壶。

3. | 摇和15秒钟。

4. | 将鸡尾酒双重过滤，倒入酒杯。

400

年轻人（Young Man） 第2级

干邑白兰地　红味美思酒　干库拉索酒　安格斯特拉苦精

1颗糖渍樱桃

2 酹
5 毫升
25 毫升
50 毫升

制作：

1. | 将鸡尾酒杯冷却。

2. | 将所有的配料倒入装满冰块的调酒杯。

3. | 调和20秒钟。

4. | 将鸡尾酒过滤，倒入酒杯，然后点缀装饰。

第四篇
附 录

词汇表

苦艾酒（Absinthe）

一种通过浸渍、蒸馏或香精溶解而得到的酒精饮品，主要原料是苦艾药草、茴芹、海索草和茴香。

抛接法（Aérer）

将液体慢慢从一个厅杯倒入另一个厅杯，并且在倒的过程中将两个厅杯之间的距离越拉越大。

龙舌兰（Agave）

一种生长在沙漠的肉质植物，起源于美洲，主要分布在墨西哥境内。

陈酿鸡尾酒（Aged Cocktail）

在酒桶或酒瓶中贮陈的鸡尾酒。

阿玛罗酒（Amaro）

参见"苦酒"。

苦酒（Amer）

苦酒属于开胃利口酒的一种，其制作方法主要是用蒸馏酒精浸染主要是苦味的植物，例如龙胆、金鸡纳、大黄、苦橘等植物。

茴香酒（Anisé）

一种以茴芹、茴香、海索草、苦艾药草为原料，经浸泡、蒸馏或香精溶解而得到的烈酒。

雅文邑（阿马尼亚克）白兰地（Armagnac）

一种二次蒸馏的葡萄烈酒，仅产自于法国的热尔、朗德和洛特·加龙地区。

香柠（Bergamote）

香柠树的果实，香气浓郁，形似绿瓢厚皮的小柑橘。

啤酒（Bière）

啤酒是一种以谷物（大麦粒、大麦芽、小麦等）和酒花为原料的气泡酒精饮料。酒花为啤酒带来了清爽的苦味并使其得以长时间保存。

浓缩苦精（Bitter Concentré）

一种香味添加剂。其主要制作方法是：在原液中浸泡不同的植物、香料或食材，通过浓缩提炼，以突出某种特别香气的存在。

安格斯特拉苦精（Bitters Angostura）

一种浓缩苦精，由约翰·希格特（Johann Siegert）医生于1824年在委内瑞拉发明，现产于中美洲特立尼达和多巴哥。

北秀苦精（Bitters Peychaud's）

19世纪30年代药剂师安托万·阿美德·北秀（Antoine Amédée Peychaud）在新奥尔良发明了这款浓缩苦精。

混合威士忌（Blended）

一种由麦芽威士忌和谷物威士忌混合而成的调和威士忌。

搅拌机（Blender）

用于调制冰镇鸡尾酒的电动搅拌器。

波旁威士忌（Bourbon）

一种起源于美国的威士忌，至少含有51%的玉米成分。

卡沙萨酒（Cachaça）

一种以纯甘蔗汁为原料的烧酒，原产自巴西。

卡尔瓦多斯酒（Calvados）

一种源自诺曼底的烧酒，由苹果酒或梨酒蒸馏而成，至少需要在桶中贮陈两年以上。

苹果气泡酒（Cidre）

一种由苹果汁发酵而来的气泡酒精饮料。

考比勒酒（Cobbler）

鸡尾酒的一种，由红葡萄酒酒或烈酒与糖调和而成，淋冰后饰以时令水果供应。

干邑白兰地（Cognac）

一种双重蒸馏的葡萄烈酒，只在标准合格的法定干邑酒区生产。该酒至少需要在酒桶中贮陈两年。

柯林酒（Collins）

鸡尾酒的一种，由烈酒、柠檬汁、糖和起泡水调和而成。该酒于高球杯中淋冰供应。

浓醇利口酒（Crème）

含糖量至少为250克/升（黑加仑利口酒含糖量为400克/升）的利口酒称为浓醇利口酒。其他信息请参见"利口酒"。

搅拌匙（Cuillèreà mélanger）

用于搅拌鸡尾酒的长柄勺，末端扁平，可用作研杵。

吧勺（Cuillère De Bar）

参见"搅拌匙"。

黛丝酒（Daisy）

摇和鸡尾酒的一种，由烈酒、柠檬汁和第三种食材（干橙皮利口酒、查尔特勒酒或糖浆）调制而成，在鸡尾酒杯中呈现。

蒸馏（Distillation）

通过蒸馏器高温作用，萃取出浸渍发酵的原料中的酒精成分。

量杯（Doseur）

参见"量器"。

蛋奶鸡尾酒（Eggnog）

摇和鸡尾酒的一种，含有鸡蛋、牛乳、液体奶油、烈酒和糖。

乙醇（Ethanol）

一种无色易燃的挥发性液体，也称为酒精。

榨汁（Exprimer）

在鸡尾酒表面挤压柑橘类水果果皮中的精油。

过滤（Filtrer）

将调酒杯中调制的鸡尾酒或摇酒壶中摇和的鸡尾酒倾倒在杯中，同时留住冰块，使其不随酒液滑落入杯。

菲兹酒（Fizz）

鸡尾酒的一种，和科林酒很像，但其基础配料（烈酒、柠檬汁和糖）通常会先经过摇和后再倒入杯中供应。

菲力普酒（Flip）

鸡尾酒的一种，由烈酒或中途抑制发酵的葡萄酒作为基酒，混合鸡蛋和糖调制而成。在该酒的表面常撒有肉豆蔻碎末。

漂浮（Float）

将一种配料倒入鸡尾酒的表层，以获取视觉效果或嗅觉效果。

佐餐鸡尾酒（Foodtail）

该词是缩合词，来自于"饮食"（food）和"鸡尾酒"（cocktail）。佐餐鸡尾酒是一个新的流行趋势，它将菜品和鸡尾酒搭配起来，使调酒师运用大厨准备的食材来调制鸡尾酒。

击打（Frapper）

参见"摇和"。

酒桶（Fût）

用于贮陈、运输烧酒或利口酒的圆柱形木质容器。

龙胆酒[Gentiane（Boisson）]

以大龙胆草的植物根茎作为酿酒原料的开胃酒或苦味利口酒。

金酒（Gin）

一种由谷物和水果制作而成的烈性蒸馏酒，其芳香主要来自于刺柏浆果杜松子，根据品牌的差异，酒中会添加不同的食材如香料、根茎、水果、果皮等。

姜汁汽水（Ginger Ale）

姜味苏打水。

姜汁啤酒（Ginger Beer）

一种不含酒精成分的碳酸饮料，由生姜在糖水中发酵而得。市面上也有含酒精成分的姜汁啤酒。

上霜（Givrer）

将酒杯边缘浸上柠檬汁后粘满另一种食材（盐、糖、香料）。

冰沙（Granité）

一款以糖、碎冰和果汁为原料的意大利甜点，质地与果汁冰糕相似。

格罗格酒（Grog）

鸡尾酒的一种，与托蒂酒类似，但额外加入了柠檬汁。

高球鸡尾酒（Highball Cocktail）

鸡尾酒的一种，加冰饮用。它只有两种配料：烈酒和苏打水。

高球杯（Highball Verre）

呈高窄桶状，用于长饮鸡尾酒。

盎司杯（Jigger）

参见"量器"。

朱丽普酒（Julep）

鸡尾酒的一种，由烈酒、薄荷和糖调制而成，倒入放满碎冰的金属大口杯中供应。

利口酒（Liqueur）

一种通过将香料、水果或植物在酒精中蒸馏、浸泡而获得香气的酒精饮料。该酒经过甜化处理，其含糖量一般在100克/升左右。

长饮（Long Drink）

添加了水、苏打、果汁或葡萄酒的鸡尾酒。

调和（Mélanger）

将调酒杯或直接在酒杯中的鸡尾酒冷却并稀释的过程。

甘蔗糖浆（Mélasse）

从甘蔗或糖用甜菜中提取出来的润滑糖浆。

量器（Mesure）

用于量取鸡尾酒所需材料的器具，种类繁多，容量各异。常见材质有金属和塑料两种。

梅斯卡尔酒（Mezcal）

一种与墨西哥龙舌兰酒类似的烧酒。但是梅斯卡尔酒所使用的龙舌兰草心是直接置于地面挖出的孔洞中，覆盖热石头、龙舌兰叶和泥土后焖煮而成的。这一原始的方式为其带来了极具辨识度的烟熏风味。

蜜甜尔酒（Mistelle）

一种在未经酒精发酵前的新鲜葡萄或葡萄汁中加入酒精获得的酒，从而很好地保留了葡萄中剩余的糖分。

混酒（Mixologie）

将各种材料混合在一起用于制作鸡尾酒的技艺。

调酒师（Mixologiste）

进行混合酒操作的人员。

修道院的（Monastique）

在酒吧领域，这一形容词用来定义由修士配制的烈酒。

滤冰器（Passoire À Glaçons）

装有圆形弹簧的过滤器，用于摇酒壶壶口，倒酒时过滤冰块。

滤网（Passoire Étamine）

参见"细孔过滤器"。

细孔过滤器（Passoire Fine）

它放在滤冰器和酒杯之间，用于在鸡尾酒摇和后过滤小块冰碴、水果或是草叶。

根瘤蚜（Phylloxéra）

蚜虫的一种，危害葡萄植株，使其患有根瘤蚜病。

挤压捣碎（Piler）

把位于杯子底部的配料（糖、水果、草叶等）捣碎的动作，让它们能够更好地溶解，或者通过挤压来强化它们的味道。

皮斯科酒（Pisco）

一种由葡萄酒蒸馏酿制而成的烧酒，只在秘鲁和智利生产。

梨酒（Poiré）

一种由梨汁发酵而来的果酒。

禁酒令（Prohibition）

在鸡尾酒历史中有一段特殊时期，即1919—1933年，美国禁止一切生产、售卖和购买酒精的行为。

宾治酒（Punch）

宾治酒最早指代的是由五种材料构成的鸡尾酒（酒精、糖、水果、香料和水）。而如今，"宾治"一词可以广泛用于所有盛在大容器内供应的鸡尾酒。当然，这其中也有例外，如小宾治酒（Ti Punch）。

宾治碗（Punch Bowl）

一种玻璃或金属材质的浅口大碗，专用于盛放宾治酒，经常搭配一根长柄大勺使用。

金鸡纳酒（Quinquina）

一种以葡萄酒为基酒，加入金鸡纳萃取物（取自一种南美洲特有树木的树皮）调制而成的开胃酒。

冰镇（Rafraîchir）

在杯子里面旋转几块冰来冷却杯子。

朗姆酒（Rhum）

一种从甘蔗汁（农业朗姆酒）或糖蜜中发酵和蒸馏出来的烧酒。

利克鸡尾酒（Rickey）

鸡尾酒的一种，由烈酒、青柠汁和起泡水调制而成，在高球杯中加冰供应。

黑麦威士忌（Rye Whiskey）

至少含有51%黑麦成分的威士忌。

伍斯特郡调味酱（Sauce Worcestershire）

一款起源于英国的调味料，基本成分是糖蜜、醋、鳀鱼、大蒜和各种香料。

苏格兰威士忌（Scotch Whisky）

原产于苏格兰的威士忌。

摇和（Shaker Action）

用力摇晃摇酒壶中的鸡尾酒和冰块，让它们混合、冷却并稀释的过程。

波士顿摇酒壶（Shaker Boston）

由一个大的厅杯和一个小的厅杯组成（可以是玻璃的或是金属的），两部分斜着嵌套在一起，从而让摇酒壶完全密封。

大陆摇酒壶（Shaker Continental）

与波士顿摇酒壶相似，也由一大一小两个金属厅杯构成。只是它们因为相嵌的位置不一样，所以外形和闭合方式不太一样。

三段式摇酒壶（Shaker Trois Pièces）

这款摇酒壶的壶盖上带有过滤网，因此无须专门配备滤冰器。

紫苏（Shiso）

一种香味草本植物，味道独特，容易让人联想起薄荷、新鲜杏仁或孜然。

短饮（Short Drink）

在鸡尾酒杯或古典杯中供应的鸡尾酒，加不加冰均可。

单一麦芽威士忌（Single Malt）

单一蒸馏出产的麦芽威士忌。

糖浆（Sirop）

以糖和水为原料的黏稠液体，常用天然或工业香料调香。

龙舌兰糖浆或花蜜（Sirop D'agave ou Nectar）

龙舌兰汁经过滤、水解、浓缩精炼而生产出的糖浆，比蜂蜜更加稀薄。

单糖糖浆（Sirop De Sucre Simple）

家庭自制糖浆的方法：将一体积单糖溶于相同体积的水中即可（如300克单糖溶于300克水）。

苏打水（Soda）

以水、糖和香味植物提取物（奎

宁、姜等）为原料的无酒精饮品，有带气和不带气两大种类。

酸酒（Sour）

鸡尾酒的一种，主要成分是烈酒、柠檬汁、糖和苦精，有时候也会加入蛋清。该酒是混摇酒，一般盛在鸡尾酒杯或古典杯中供应。

地下酒吧（Speakeasy）

在美国禁酒时期（1919—1933）可以喝到走私酒的地下酒吧。现如今，该词指代的是位置隐蔽、环境柔和、提供优质鸡尾酒的酒吧。

烈酒（Spiritueux）

以农产品（谷物、水果、植物）为原材料，经过浸泡或浸渍后蒸馏得到的酒精饮品。

塔巴斯科辣酱（Tabasco）

一种原产于美国路易斯安那州的辣味酱料，主要成分是辣椒、醋和食盐。

塔菲亚酒（Tafia）

由糖蜜生产的工业朗姆酒的前身，也是朗姆酒旧称rumbullion或者guildive的同义词。[1]

---

1 朗姆酒一词的演变：tafia → guildive → rumbullion → rhum

龙舌兰酒（Tequila）

从龙舌兰草心中提取汁液，经过发酵蒸馏而得的烧酒。

抛接法（Throwing）

参见"抛接法"。

提基（Tiki）

提基受波利尼西亚文化影响，于19世纪20年代在美国诞生。后来渐渐产生了同名鸡尾酒，一般在绘有波利尼西亚神像的陶瓷杯中供应。

厅杯（Timbale）

一种金属杯，是摇酒壶的组成部分之一。

托蒂酒（Toddy）

鸡尾酒的一种，由烈酒、糖、香料和水（热水或冷水）调制而成，搭配果皮或柠檬片饮用。

醡（Trait）

计量单位，指某种液体几滴左右的剂量，常用于盛取浓缩苦精。

坦布勒杯（Tumbler）

与高球杯相似的一种玻璃杯。

味美思酒（Vermouth）

一种以白葡萄酒为基酒，用植物的浸液加糖或蜜甜尔酒以及中性酒精调制而成的开胃酒。

调酒杯（Verre à Mélange）

一种配有倒酒嘴的大玻璃杯，用于冷却鸡尾酒，使其在搅拌过程中与冰块充分接触。调酒杯中的鸡尾酒经过滤后倒入酒杯供应。

红葡萄酒（Vin）

一种由葡萄发酵而得酒精饮品。

伏特加酒（Vodka）

一种蒸馏烧酒，其酿造原料几乎遍及所有含淀粉或糖分的食材。最普遍的原材料是小麦、黑麦和马铃薯。

VS

科涅克白兰地、雅文邑（阿尔马尼克）、卡尔瓦多斯酒、皮渣白兰地或朗姆酒的一个品级，代表最年轻的蒸馏酒在橡木桶中贮陈至少两年。

VSOP

干邑白兰地、雅文邑白兰地、卡尔瓦多斯酒、香槟果渣酒或朗姆酒的一个品级，代表最年轻的蒸馏酒在橡木桶中贮陈至少四年。

威士忌（Whisky）

威士忌是一种烈性谷物蒸馏酒，在橡木桶中陈酿而成。其使用的原料是经发芽、火烤干燥，甚至泥炭熏焙等工序处理过的大麦芽。

XO

干邑白兰地、雅文邑白兰地、卡尔瓦多斯酒、香槟果渣酒或朗姆酒的一个品级，代表最年轻的蒸馏酒在橡木桶中贮陈了至少6年。（从2018年起变为至少10年）

罗汉橙（Yuzu）

一种原产于亚洲的柑橘类水果，与小柚子相似。果皮肥厚，果肉少汁，酸度在青柠和橘子之间。

削皮榨汁（Zester）

先把柑橘类水果的果皮切下，然后将其中的果汁滴至鸡尾酒表面。

初学者酒吧

配方	安格斯特拉苦精	波旁威士忌	金巴利利口酒	香槟酒	干邑白兰地	黑加仑利口酒	起泡水	金酒	古巴白朗姆酒	苏格兰威士忌	龙舌兰酒	干橙皮利口酒
阿芬尼蒂 第288页	●									●		
美式 第127页			●				●					
床笫之间的浪漫 第296页					●				●			●
布兰卡 第298页	●										●	
蓝色火焰 第279页										●		
林荫道 第269页		●	●									
白兰地薄荷捣酒 第301页					●							
布朗克斯 第233页								●				
凯匹路易斯加 第135页												
加州之梦 第303页											●	
凯布柯达 第303页												
卡尔顿 第304页		●										
考比勒香槟 第305页				●								
大都会 第89页												●
代基里 第119页									●			
干马提尼 第107页								●				
法兰西75 第193页				●				●				
加里波第 第105页			●									
金酒和它 第320页								●				
金菲兹 第189页							●	●				
金利克 第321页							●	●				
哈佛 第323页	●				●							
所得税 第325页	●							●				

这个表格整合了初学者想要制作本书中45种鸡尾酒配方所需的必不可少的25种配料。

红味美思酒	干味美思酒	伏特加酒	蔓越莓（汁）	糖渍樱桃	黄柠檬	青柠檬	盐之花	薄荷	鸡蛋	橄榄	橙子	糖（砂糖或方糖）
●	●				●							
●						●					●	
					●							
				●	●				●			●
					●							●
●											●	
								●			●	●
●	●										●	
		●				●						●
●	●				●							
		●	●			●						
●											●	
					●			●			●	●
		●	●			●					●	
						●						●
	●				●					●		
				●	●							●
											●	
●												
					●				●			●
						●						
●												
●	●										●	

配方	安格斯特拉苦精	波旁威士忌	金巴利利口酒	香槟酒	干邑白兰地	黑加仑利口酒	起泡水	金酒	古巴白朗姆酒	苏格兰威士忌	龙舌兰酒	干橙皮利口酒
神风队 第327页												●
皇家科尔 第328页				●		●						
曼哈顿 第143页	●	●										
玛格丽塔 第183页											●	●
含羞草 第111页				●								
薄荷朱丽普 第157页		●										
莫吉托 第81页	●						●		●			
尼格罗尼 第147页			●					●				
古典酒 第153页	●	●					●					
香橙花 第336页								●				
勃固俱乐部 第337页	●							●				●
粉红金酒 第338页	●							●				
红狮 第343页								●				●
罗伯·罗伊 第175页	●									●		
罗西塔 第344页			●								●	
俄罗斯春天宾治 第211页				●		●						
螺丝钻 第349页												
边车 第215页					●							●
南方 第213页								●				
汤姆·柯林 第103页							●	●				
威士忌酸酒 第165页	●	●										
白领丽人 第197页								●				●

红味美思酒	干味美思酒	伏特加酒	蔓越莓（汁）	糖渍樱桃	黄柠檬	青柠檬	盐之花	薄荷	鸡蛋	橄榄	橙子	糖（砂糖或方糖）
		●				●						
●				●								
						●	●					
											●	
								●				●
●						●		●			●	●
											●	
						●						
					●						●	
●				●								
●	●				●							
		●			●							●
		●									●	
					●							●
						●		●			●	
				●	●							●
					●				●			●
					●				●			●

鸡尾酒的发展演变

通过下列表格，您可以根据目前自己的水平循序渐进地来制作鸡尾酒。表格比较直观地展现了鸡尾酒的发展演变以及与本书中各个配方之间可能存在的联系。

第1级	第2级	第3级	配方
莫吉托 第81页	老古巴人 第221页	僵尸 第283页	海军格罗格 第334页
贝里尼 第83页			闪烁 第358页
法式马提尼 第85页			雅莫拉 第325页
绿兽 第87页		午后之死 第255页	苦艾 第288页
大都会 第89页			色情影星马提尼 第340页
小宾治 第91页			小丁格 第351页
椰林飘香 第93页			镇痛剂 第336页
自由古巴 第95页			芬克医生 第311页
凯匹林纳 第97页			金银花 第324页
玛利萝 第99页 > 处女莫吉托 第115页			
阿贝罗斯普里兹 第101页			单车 第296页
汤姆·柯林 第103页	金菲兹 第189页	拉莫斯金菲兹 第247页	黑刺李金菲兹 第350页
加里波第 第105页			坦比克 第353页
干马提尼 第107页	维斯帕 第187页	晚礼服 第253页 > 马丁内斯 第271页	烟熏马提尼 第351页
庄园主宾治 第109页			飓风 第325页
含羞草 第111页			瓦伦西亚 第359页
汤米家的玛格丽塔 第113页	玛格丽塔 第183页		龙舌兰宾治酒 第288页
处女莫吉托 第115页 > 处女可乐达 第123页			
迈泰 第117页			芬克医生 第311页
代基里 第119页	海明威代基里 第207页	航空邮件 第245页	香蕉代基里 第294页
魂断威尼斯 第121页			地下通道 第358页
处女可乐达 第123页 > 紫色阴霾 第133页			
完美女人 第125页	白领丽人 第197页 > 三叶草俱乐部 第201页	贝蒂尼斯 第261页	萨图恩农神 第348页
美式 第127页			误调尼格罗尼 第348页
罗西尼 第129页			皇家海波 第345页
皮姆杯 第131页			黑刺李金菲兹 第350页
紫色阴霾 第133页			公牛之眼 第302页
凯匹路易斯加 第135页			堕落天使 第315页
帕洛玛 第137页			血橙玛格丽塔 第299页

配方索引

配料索引

致　谢

LIQUID LIQUID团队向如下人士致谢：

Thomas Girard

Franck Audoux

Gregory Clet

Laurie Vinciguerra

Céline Billy

Alexandre Vingtier

Frédérique et Frédéric Lapierre (décors)

Laurie Fouin de l'Agence La Mouette

Anne-Laure Lamperier

Nathalie et Fanfan de Poisson Rouge

La société Luigi Bormioli
(verres)

Le restaurant Dersou
(21, rue Saint-Nicolas, 75012 Paris,
photographié p. 66 à 69)

合作人：Olivier Reneau

摄影：Philippe Lévy

HACHETTE应用部经理：Catherine Saunier-Talec

HACHETTE酒类部经理：Stéphane Rosa

项目总管：Juliette de Lavaur

艺术总管：Antoine Béon

图示策划：Le Bureau des affaires graphiques

指导：skgd-creation

封面：Antoine Béon

合作部主管：Sophie Morier (smorier@hachette-livre.fr)

友情提示：

请理性对待酒精饮品！过量饮酒危害身体健康，需要适度饮用。

关于饮用酒精的风险等方面的问题，

我们建议您登录官方信息网站进行咨询，

那里会为您提供正规的信息和有效的建议。

书中出现的酒瓶、标签和提到的品牌没有任何的商业广告意图，

只是提供给出版所需。

书中提到的品牌都是已经注册的商标。

Hachette书业（Hachette应用类），2016

58, rue Jean-Bleuzen

92178 Vanves Cedex

翻译权、改编权、复制权均受到保护，

任何国家不论书籍的一部分还是全部，

不论从事什么用途，使用何种手段，不得侵犯。

图书在版编目（CIP）数据

世界经典鸡尾酒大全（珍藏版）/（法）雷热米·欧热，（法）蒂埃里·丹尼尔，（法）艾瑞克·佛萨尔著；蒯佳，孙昕潼译. —北京：中国轻工业出版社，2025.4

ISBN 978-7-5184-2225-8

Ⅰ.①世… Ⅱ.①雷…②蒂…③艾…④蒯…⑤孙… Ⅲ.①鸡尾酒—基本知识 Ⅳ.①TS972.19

中国版本图书馆CIP数据核字（2018）第244314号

版权声明：

Le grand Cours de Cocktails @ Hachette-Livre (Hachette-Pratique), 2016.

Texts by Liquid Liquid, photos by Philippe Lévy

Simplified Chinese version arranged through Dakai Agency Limited

策划编辑：江 娟

责任编辑：江 娟 贺 娜　　　　　　责任终审：唐是雯

封面设计：奇文云海　　　　　　　　版式设计：锋尚设计

责任校对：李 靖　　　　　　　　　责任监印：张 可

出版发行：中国轻工业出版社（北京鲁谷东街5号，邮编：100040）

印　　刷：鸿博昊天科技有限公司

经　　销：各地新华书店

版　　次：2025年4月第1版第4次印刷

开　　本：889×1194　1/12　印张：32

字　　数：200千字

书　　号：ISBN 978-7-5184-2225-8　定价：268.00元

邮购电话：010-85119873

发行电话：010-85119832　010-85119912

网　　址：http://www.chlip.com.cn

Email：club@chlip.com.cn

版权所有　侵权必究

如发现图书残缺请与我社邮购联系调换

250559S1C104ZYQ

品酒·赏酒·酿酒

鸡尾酒——调酒的艺术

无酒精鸡尾酒

拉鲁斯世界葡萄酒百科全书

威士忌品鉴课堂

葡萄酒品鉴课堂

轻松品鉴葡萄酒

自酿啤酒入门指南（修订版）

自酿啤酒入门指南

自酿啤酒完全指南

自酿啤酒精进指南

自酿葡萄酒入门指南